INTRODUCTION
はじめに

　京都建築スクールはインターカレッジの都市デザインスタジオです。「都市のカタチを構想すること」──この主旨のもと、京都に所在する大学・学校の教員有志を中心に、2009年にスタートしました。7年目を迎える今年は、京都のほか、大阪、兵庫から約100名の学生が参加しました。

　私たちはいま二つの危機の急速な進行に直面しています。高齢化と人口減少の進行、そして地球温暖化の進行です。これらの危機に対処するため、都市の再編あるいはコンパクト化が急がれなければなりません。もはや建築単体のデザインを競い合う時代は過ぎ去りました。われわれは都市の未来を構想しなければならないのです。それもバラ色の「開発」ではなく、地道な「改良」の積み重ねによって大きく生まれ変わる都市のカタチを描かなければなりません。

　京都建築スクールでは、2013年からは、「リビングシティを構想せよ」という全体テーマのもと、40年後、2050年の都市のカタチの構想を課題としています。2015年までの3年度にわたって、商業・居住・公共の三つの基本的都市機能に一つずつ取り組み、都市への多角的なアプローチに挑んできました。学生と教員の苦闘の成果をご覧ください。

京都建築スクール実行委員会

［**参加チーム**］
　大阪工業大学 朽木順綱研究室
　大阪産業大学 松本裕研究室
　関西学院大学 八木康夫研究室
　京都工芸繊維大学 阪田弘一研究室
　京都大学 田路貴浩スタジオ
　近畿大学 松岡聡研究室
　龍谷大学 阿部大輔ゼミ＋京都建築専門学校 魚谷繁礼ゼミ

［**ゲストプレゼンテーター**］
　ヒューリック

［**オブザーバー**］
　文山達昭（京都市都市計画局）
　山崎政人（関西ビジネスインフォメーション 研究員）

［**協賛**］
　建築資料研究社／日建学院、ヒューリック

［**協力**］
　竹中工務店

京都建築スクール2015　リビングシティを構想せよ［公共の場の再編］

CONTENTS	PAGE
はじめに	3
開催趣旨と課題説明	6
敷地解説：**京都**｜魚谷繁礼	10
敷地解説：**大阪**｜松本 裕	12
敷地解説：**兵庫**｜八木康夫	12
京都建築スクール2015　リビングシティを構想せよ［公共の場の再編］	16
借りて嗜む都市のかたち 龍谷大学　阿部大輔ゼミ＋京都建築専門学校　魚谷繁礼ゼミ	18
UMEDA PLAGIOTROPIC PASSAGE　斜行する空中インフラ 大阪工業大学　朽木順綱研究室	28
工・園——Industrial Farm　東大阪市高井田地区における「道」を介した中小工業集積地将来構想 大阪産業大学　松本裕研究室	38
重奏する都市　式年遷宮と共に歩む 京都工芸繊維大学　阪田弘一研究室	48
タカラヅカ・リヴァイヴァル　これまでも、これからも、"宝塚らしさ"を 関西学院大学　八木康夫研究室	58
都市のカンバス 近畿大学　松岡聡研究室	68
Public Seeds 京都大学　田路貴浩スタジオ	78
総括	94
公共性をもった環境の未来｜大野秀敏	100
長期計画は来るべき未来への準備である｜村橋正武	104
公益事業からみる都市の未来｜山崎政人	109
景観と公共性｜嘉名光市	113
都市はいかに変容するのか　「共界」としての「公共＝私共」｜松本裕	116
都市への〈責任＝応答可能性〉｜文山達昭	120
公共の場を再生する｜ヒューリック	122
ヒューリックと公共の場の再編　PPP事業への取り組み｜浦谷健史	128
もうひとつの京都建築スクール｜朽木順綱	131
都市デザインを教育することとは｜田路貴浩	134
参加チーム、編著者略歴	138
おわりに	141

PROLOGUE

開催趣旨と課題解説

リビングシティ

〈都市はできるものであって、つくるものではない〉

こういう認識が広がってはいないだろうか。都市は与えられるものであり、建築はそのなかの余白につくるものであると。都市の余白はますます小さくなっている。それに伴って建築が活躍できる場もどんどん縮んでいる。

しかし、はたしてそうだろうか。

わが国の住宅の6割を占める木造住宅の平均寿命は40年前後といわれる。ということは、40年後、いま眼前にある建物の多くは更新されていることになる。そのとき都市のカタチは変わっているだろう。そして、これを変えることもできるに違いない。

フランク・ロイド・ライトが未来都市「リビングシティ」を発表したのは亡くなる前年、1958年のことである。ライトは死の間際まで都市を構想したのだ。じつに驚くべきことである。私たちは、都市を構想しようとするライトの意志と熱意を学ぶべきではないだろうか。たしかに、その理想的でユートピックなドローイングはいまや古ぼけて見えるかもしれないが、生涯にわたって追求された「リビング」というコンセプトは新鮮さを失っていない。都市は生きられる、そして、都市は生きている。建築家は生きられる都市を構想してもよいのだ、ということをライトは教えてくれている。

ただし私たちが構想する都市は、ライトの描いたような完成されたユートピアではない。過去から未来へと続く時間の流れのなかで、都市の一断面を切り出して見せることだけが可能である。都市には最終完成形はなく、人間とともに生き続ける。描きうる〈リビングシティ〉とはこのようなものだろう。

問題意識

今日、日本の都市は二つの大きな問題に直面している。すなわち、〈地球温暖化〉と〈人口減少〉である。

2050年には、世界の人口は現在の60億人から90億人へと1.5倍に増え、CO_2排出量は倍増し、平均気温は2.6℃上昇するといわれている。低炭素社会への構造転換は人類的な課題であり、消費文明のあり方が根底から問われている。同じ2050年、日本の人口は1.3億人から25%減少し、1億人を割り込む。65歳以上の高齢化率は現在の25%弱から40%へと著しく上昇する。すでに、中心市街地やニュータウンの空洞化、限界集落などが深刻化しており、都市や集落の消滅の危機がおとずれつつある。

目標

京都建築スクールでは、これら二つの問題を背景としつつ、2050年の都市像を構想する。ところで、建築から都市へと視野を広げると、とたんに問題が複雑化する。都市には政治・経済システム、社会制度、文化・慣習、交通・インフラなどのさまざまな要素が関わっていて、建築はそのうちの一要素にすぎない。これら諸要素すべてを包括する都市像を描くのは容易ではない。むしろ専門分野のそれぞれから都市像が語られるべきだろう。では、建築を専門とする人間は都市に対して何をするべきか。われわれは建築物の集合によって形成される都市のカタチを描き、カタチを通して語るしかない。それは都市像の一部ではあるが、都市のカタチを描けるのは建築だけである。その意味で建築の果たす役割は大きい。

しかしここ数十年、都市のカタチを描こうとする試みは非常にか弱い。都市は自然のように生成するものであって、だれかがつくろうと思ってつくれるものではないという考え方が、大学教育のなかでさえ広がっている。その理由の一つには、巨匠と呼ばれた建築家たちの都市構想が、いまやきわめて空疎なものとして捉えられ、軽んじられていることにある。なぜそのように見えてしまうのだろうか。一つには、丹下健三の「東京計画1960」がそうであるように、多くの場合、都市が単一の巨大建築物として構想されたことにある。現代の日本で、東京湾を覆ってしまうような巨大建造物を構想することは空想でしかない。もう一つには、ル・コルビュジエの「300万人のための現代都市」のように、都市を構想することが都市の理想的完成形態を描くことにすり替わってしまったことにある。カミを表象する偶像のように、都市の理想を透視図に表すや否や、その姿は嘘くさくなってしまう。カミの偶像をつくってはならない。理念は描いてはならない。しかしながら、理念に向かって構想しなければならない。

　われわれはひとまず40年後、2050年の都市のカタチを構想する。それは2050という数字が、単に切りがいいからにすぎない。ただ40年というのは日本における建物の平均寿命であるので、40年後は現在目にしているほとんどの建物が建て替わっていることになる。しかし、都市はそこで完成するはずはなく、生成する都市の一断面を切り出すだけのことでしかない。それはけっして都市の最終完成型ではない。

　より正確に言えば、もっとも重要なのはカタチを構想する思考の方法である。日本の大学では都市デザインが教えられていない。建築デザインについては、明示的なあるいは暗黙の方法ができあがっていて、建築学科ではそれが伝承されている。ところが都市デザインの方法はまったく未整備なのである。建築の集合を考える方法は、建築を考える方法と大きく異なる。多数の教員と学生が都市のカタチをめぐってさまざまな思考を試すことによって、そこから有効な手法が確立されていくことが期待される。

年次計画

都市は、人々の多様なアクティヴィティによって生きられている。

　住むことdwelling／集まることgathering／交換することexchanging／生産することproducting／移動することmoving──これらは都市の基本アクティヴィティである。毎年、都市アクティヴィティの基本要素を一つずつテーマとする。
- 2013年　商業の場の再編
- 2014年　居住の場の再編
- 2015年　公共の場の再編

Scale
Large — Small

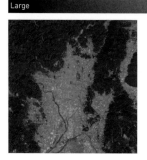
〈都市構造〉

〈都市組織〉

〈都市空間〉

〈建築空間〉

スケールの関係性のイメージ（左：画像 ©2013 TerraMetrics／
中央左：画像 ©2013 Cnes/Spot Image, Digital Earth Technology, Digital-Globe／
右2枚：画像 ©2013 Digital Earth Technology, DigitalGlobe）

課題——公共の場の再編

単体の建築設計では、「パブリックな空間」「プライヴェートな空間」という言葉をしばしば耳にする。都市空間ではどうだろう。都市のパブリックな空間というとすぐに広場が思い浮かぶが、日本の都市計画法には「広場」の規定はほとんどなく、かろうじて「交通広場」が規定されているくらいである。交通広場の代表的なものに駅前広場があるが、それは大量の人の流れをさばくための場所であって、待ち合わせなどの一時的な滞留しか認められていない。たとえば、渋谷駅前にはハチ公広場として知られる駅前広場があるが、それは利用者の数に対してきわめて小さく、ときに大勢の人々が集まり、スクランブル交差点までもが広場と化すことがある。機動隊が「立ち止まらないように！」と拡声器で注意を促すが、人びとは集まり、語り合い、ともに時を過ごす場所を欲しているのである。しかるに、日本の都市は広場をつくってこなかった。

こんにち「公共の場」と呼びうる場所は、もはや西洋的な広場だけではないだろう。公共と民間が融合しつつある現在、多様な公共の場がありえる。都市における公共とはいったい何なのか。この根本的な問いを考えつつ、新しい公共の場を提案してほしい。

計画に先立ち、まず調査を行い、「公共」を数量的に把握する。調査の結果は分析へ、そして計画へと発展させ、都市のカタチを構想することになる。都市のカタチについては、「都市構造」「都市組織」「都市空間」の三つのスケールから考えることにしよう。都市構造は1/10,000、都市組織は1/1,000、都市空間は1/500で見えてくるものとする。

選択した対象地域の都市構造を見据えながら、1つあるいは複数の場所を選んで、都市組織と都市空間を構想する。

対象地域

各チームで選定する。1km四方程度の徒歩圏。

進め方

中間発表会1

[調査]
● 基本調査項目
現地調査（写真撮影、ヒアリング、マッピングなど）
統計調査（公共施設の数、利用者数）
下記の項目については、過去20年後と（1950、1970、1990、2010）の状況を調査する
・人口関係（人口、世帯数、年齢構成）
・土地利用面積（道路、公園、建物など）
・建物関係（棟数、延べ床面積）
● 任意の調査項目
上記のほか、チーム独自の調査を行ってもよい。

[分析]

調査結果から、都市構造（1/10,000）、都市組織（1/1,000）、都市空間（1/500）について分析を行う。
- 都市構造：対象地域とその周辺地域との関係など
- 都市組織：対象地域内の数街区における、建物の集合形式など
- 都市空間：1つの街区、あるいは通りの1区間における建物と空地・空間の関係など

中間発表会2

[都市構造の再編の提案]
- 都市構造の再編について、目標と方法を提案する
- 拠点、通り（ネットワーク）、エリアなどの視点から検討すること
- 都市構造の再編の方法（介入、ルール）も考える

[都市組織と都市空間の再編の提案]
- 調査地域内の特定の場所を選択し、都市組織・都市空間の再編を提案する
- 都市空間の再編の方法（介入、ルール）も考える

最終講評会
- 調査による地域の分析
- 都市構造の再編の提案（1/10,000）
- 都市空間の再編の提案

最終成果物

図面：A1・12枚（ヨコ使い、タテ3段×ヨコ4列）
模型：1/500、1/1,000

授賞

最終講評会にて、ゲスト講評者と京都建築スクール指導教員による投票を行う。最も得票数の多かった学校に最優秀賞を、次点に優秀賞をそれぞれ授与する。

SITE GUIDE

敷地解説：京都

魚谷繁礼

京都がかかえる、都市および建築に関わる課題としてまず思い付くのは、街並み景観や京町家の保存に関するものである。あるいは、最近では空き家活用や、密集市街地における細街路の防災に対する取り組みにも、重点が置かれてきている。町家以前から議論されてきた課題には、新幹線駅を境にした南北問題がある。そして今後、京都においてますます重要になってくるのは、社寺建築の維持とその土地の所有に関するものであると考える。

京都大学が対象とした京都駅南エリアは、まさに南北問題の南にあたるエリアである。新幹線駅を境にした南北問題は京都にかぎらず日本のあちこちで散見されるが、ほかの地域が〈開発／非開発〉から〈開発／開発〉への変換が検討されるのに対し、駅のすぐ北側に旧市街をかかえる京都は、〈保存（旧市街）〉／〈開発（新市街）〉への変換による解決が可能であった。そして、実際、じつにさまざまな開発が計画されるのだが、紆余曲折の末結局、多くの計画は実現されないまま現在にいたる。人口も減少し経済成長も減速した現在においては、駅南エリアを開発するエネルギーはかつてほどにはなく、あるいは南エリアの開発は北側旧市街の衰退を招きかねない。

同じく京都大学が対象とする六原地区周辺は古くからの市街であり、名だたる観光名所とともに密集した住宅群や入り組んだ細街路を多くかかえる。高齢化率、空き家率ともに高く、早くから官民協働での空き家対策が実施されており、京都における空き家対策のモデル地区に位置づけられる。2012年からは、京都らしい細街路を活かした防災まちづくりの取り組みが、これも官民協働でなされている。六原学区とともに他地域にさきがけて同取り組みが開始されているのが仁和学区であり、これは龍谷大学と京都建築専門学校が対象とする上京エリアに含まれる。

上京エリアは、一条通辺りを境に南北で形成過程が異なる。南側ははじめ大内裏に含まれ、のちに聚楽第に含まれる。北側ははじめ京域外であったが、そこに早くから織物職人が集うようになり、あるいは広い境内を求めて寺院が移動してくるなどして市街化し、応仁の乱を機に「西陣」と呼ばれるようになる。このエリアには市街がスプロールしていく際に発生した細街路網がいまも残る。また寺院も非常に多く、寺院はのちに境内地の一部を賃貸したり切り売りするなどして収入を得るようになったため、このエリアのかなりの土地が寺院からの借地か、またはもともと境内だったところを寺院から切り売りされたものであったりする。

京都には意趣を凝らした数多くの寺社建築が存在するが、その維持、とくに定期的に必要となる屋根の葺き替えにかかる費用は莫大なものである。有名寺社は違うにしても、数多くの寺社が近年はその存続に腐心している。以前から広い境内を切り売りしたり駐車場として貸し出すなどして費用を捻出し寺社は存続してきたが、現在では切り売りする土地もなくなって廃寺となるところも少なくない。廃寺の跡地はマンション用地に活用される。最近では、定期借地制度を利用して、高齢者施設運営事業者などに期限付きで賃貸する事例も増加している。そのようななかでニュースを賑わしたのが、梨木神社境内のマンション建設計画と、下鴨神社境内のマンション建設計画である。京都工芸繊維大学が対象とする下鴨神社のそれは、21年周期で実施される式年遷宮にかかる費用捻出のための、定期借地によるマンション建設計画である。いうまでもなく、景観を理由にマンション建設を非難したところで、式年遷宮にかかる費用の問題は解決されない。同社は明治期の上知令により、社有地とともに長く引き継がれてきた社家町も失っている。私見をはばからずに述べると、樹木の伐採を最小限に抑えられるのでさえあれば、今回の式年遷宮周期にあわせて社有地を有期賃貸するという計画は、土地を切り売りするわけではないという点では悪くないと考える。〈マンション＝景観悪〉と決めつけずに、景観がより良くなるようなマンションを計画すればいい。ともあれ京都工芸繊維大学が対象としているのは、上知令により失われた同社の旧社家町である。

以上のように、各校の対象地はいずれも、町家や街並み景観の保全と同様に京都において検討すべき諸課題を内包している。

京都市街地図と各チームの対象敷地　scale=1/7,500　（画像 ©2013 Cnes/Spot Image, Digital Earth Technology, DigitalGlobe）

各時代の都市構造と現代地図の重ね合わせ（画像 ©2013 Cnes/Spot Image, Digital Earth Technology, DigitalGlobe）

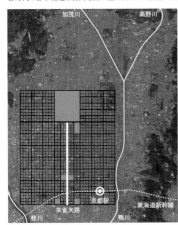

平安時代のグリッドパターン（8世紀後期）

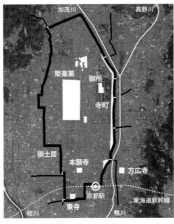

豊臣秀吉の都市改造（16世紀後期）

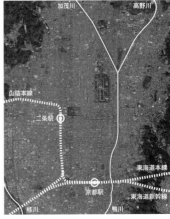

現JR線敷設（19世紀後期）

SITE GUIDE

敷地解説：大阪

松本 裕

2015年5月17日、住民投票の結果、大阪都構想は僅差で否決された。1956年に大阪市が政令指定都市となって以来、「不幸せ（府-市合わせ）」と揶揄されてきた大阪府と大阪市の二重行政解消が主な争点であった。その際に利点として強調された、大阪の一体的な都市改造は一考に値する。たとえば、ミッシングリンクとなっている淀川左岸線延伸部を完成させ懸案の大阪都市再生環状道路を連結させる計画、ベイエリア開発を通じた新産業や統合型リゾートの誘致、御堂筋と中之島による水と緑の十字路構想など、都市の骨格を矯正し水都大阪を再構築する改造が検討されていた。さらには、道頓堀巨大プール、中之島美術館村、天王寺世界一動物園といった「10大名物構想」も掲げられた。テーマパークのパビリオンのように場所ごとに「キャラ」を立て、イベントを仕掛けて集客を狙う手法は、いまや大阪の「原（幻）風景」とさえいえる大阪万博EXPO'70の残り香を感じさせる。

こうした構想は絵に描いた餅となる公算が高いが、大阪最後の一等地「うめきた」では、グランフロント大阪がすでに先行開発されている。今後、未着手敷地に公共の広大な森が創られるか、私的に土地所有されて超高層ビルで埋め尽くされるか、「うめきた」は、大阪の将来を占う重要な試金石となっている。大阪工業大学は、この大阪のフロンティアを敷地に選び、南海トラフ大地震被災時を想定した空中回廊の公共利用を提案している。

「うめきた」再開発と連動してJR大阪駅の大規模改修工事も実施され、大阪の顔となるゲート空間が整備された。プラットフォーム上空には大屋根が架けられ、駅の中に公共の広場が立体的に配された画期的な事例となっている。この「時空の広場」と名付けられた空間は現在、近畿大学が人の動きをリサーチした「梅田紀伊國屋スクリーン前」とともに待ち合わせの名所となっている。また、JR大阪駅は、ミナミ（心斎橋・難波）へと伸びる御堂筋──高さ規制と美しい並木を備えた南北軸──の起点でもある。近畿大学が着目した本町は、御堂筋に沿って付加価値の高い中心オフィス街を形成していた。しかし近年は、東京やグランフロントへのオフィスの移転が加速し、御堂筋界隈のコインパーキング化や住宅化が進んでいる。大阪市内でのこうしたオフィスの空洞化は、大阪産業大学が取り上げた東大阪市高井田地区のような近郊都市に至っては製造現場の空洞化として現れている。「うめきた」に代表される新しい開発が、外部から人や産業を引き付ける以上に、中心市街地の空洞化や近郊都市のスプロール的ベッドタウン化を招いているとすれば、それは大阪のジレンマである。

敷地解説：兵庫

八木康夫

関西学院大学が対象地とした宝塚は兵庫県南東部に位置している住宅都市である。西は六甲山系、北は長尾山系に囲まれて、市域は南北に細長く、住宅地が広がる南部市街地と、豊かな自然に囲まれた北部田園地域から成る。市域の中央を流れる武庫川と、JR線と阪急線の2線が交差する宝塚駅が都市構造の中心を形成しており、神戸や大阪に電車で30分程度とアクセスしやすい場所である。

そもそも宝塚は阪急阪神東宝グループの創始者である小林一三が手がけた宝塚歌劇団の本拠地である宝塚大劇場がある歌劇の街として全国的に有名で、年間公演数約1,300回、観客動員数約250万人と全国各地から熱狂的な宝塚歌劇ファンが多く訪れる。また手塚治虫が青少年期を過ごした町としても知られている。

1995年1月17日に発生した阪神・淡路大震災では、阪急宝塚駅近くなどでは震度7を記録し118名の犠牲と全半壊家屋約1万3千棟と甚大な被害を受けた。現在は、武庫川北側沿いにはマンションデベロッパーが競って高層マンションを建て、いずれはこの武庫川沿いの南北の風景は高層マンションの壁になるかもしれない。このように住宅都市としての空間性が色濃くなり、宝塚市が掲げる国際観光都市としてのにぎわいを感じ取ることは少ない。

大阪、兵庫の位置関係と各チームの対象敷地　scale=1/200,000
（画像 ©2013 Cnes/Spot Image, Digital Earth Technology, DigitalGlobe, Landsat）

京都建築スクール2015
リビングシティを構想せよ
［公共の場の再編］

課題説明会　4月12日（日）13:30-16:30
@大阪工業大学うめきたナレッジセンター（グランフロント大阪 北館）
LECTURE 村橋正武（立命館大学上席研究員）

↓

中間発表1　5月17日（日）13:00-18:30
@大阪工業大学うめきたナレッジセンター（グランフロント大阪 北館）
LECTURE 大野秀敏（建築家、東京大学名誉教授）

↓

中間発表2　6月13日（土）13:00-17:0
@大阪工業大学うめきたナレッジセンター（グランフロント大阪 北館）

最終講評会
7月19日（日）
@竹中工務店大阪本店

GUEST CRITICS
大野秀敏（建築家、東京大学名誉教授）
川合智明（竹中工務店大阪本店設計部長）
文山達昭（京都市都市計画局）
村橋正武（立命館大学上席研究員）
山崎政人（関西ビジネスインフォメーション研究員）

出版記念シンポジウム　12月13日（日）
@京都工芸繊維大学 60周年記念館

PRESENTATION 01
龍谷大学 阿部大輔ゼミ＋京都建築専門学校 魚谷繁礼ゼミ

PRESENTATION 02
大阪工業大学 朽木順綱研究室

PRESENTATION 03
大阪産業大学 松本裕研究室

PRESENTATION 04
京都工芸繊維大学 阪田弘一研究室

PRESENTATION 05
関西学院大学 八木康夫研究室

PRESENTATION 06
近畿大学 松岡聡研究室

PRESENTATION 07
京都大学 田路貴浩スタジオ

SPECIAL PRESENTATION
ヒューリック

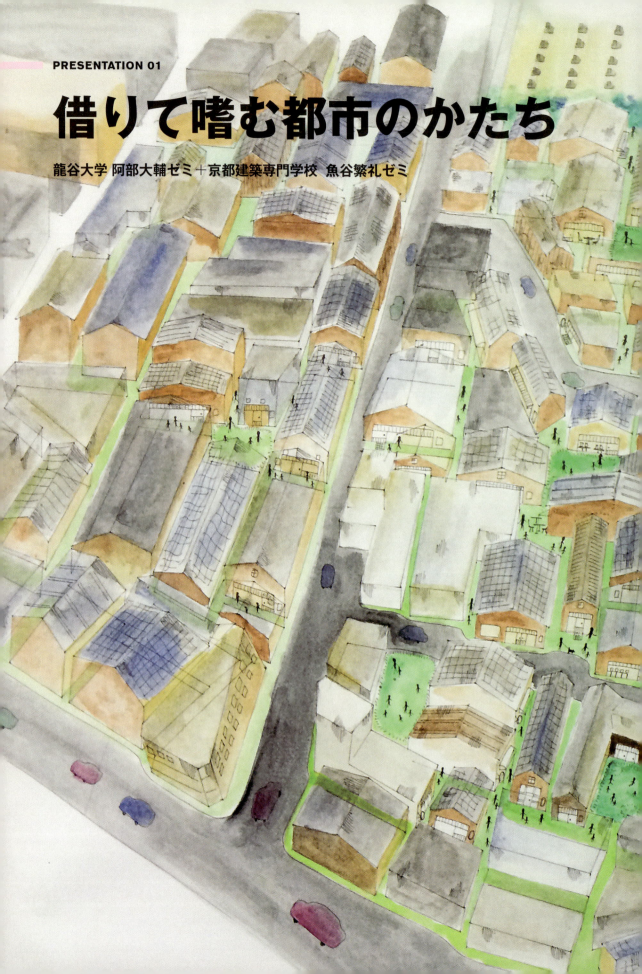

PRESENTATION 01

借りて嗜む都市のかたち

龍谷大学 阿部大輔ゼミ＋京都建築専門学校 魚谷繁礼ゼミ

最優秀賞

敷地分析 衰退する寺と街

▶▶ 京都は、平安建都以来、2つの古い市街地を核に発展してきた。1つは、旧市街地の田の字地区（下京）。もう1つは、田の字地区に次ぐ古い市街地、上京である。京都全体の将来像を考えるにあたり、上京と下京の両方のあり方が重要であると考えた。

　上京は西陣織を中心とした生産・加工で発展した職人街であったが、近年、産業の縮小に伴い、職人街や職人の通う歓楽街も衰退した。現在、働き盛り人口割合が低く、若年層と高齢者の割合が高い。下京と比較すると、公共交通の利便性は低いが、歴史的市街地にありながら地価が安い。

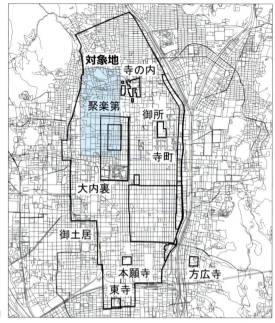

対象地区周辺地図

現状の構造的な問題点

1. 年齢層の偏り
若年層割合・高齢者割合が高く、働き盛り人口の割合が低い。

2. 公共交通の利便性が悪い・地価が安い
公共交通の利便性の良い田の字地区に比べ、対象地は公共交通の空白地帯になっている。田の字地区での地価の最低価格と、対象地区での地価の最高価格はほぼ同一であり、都心部に立地しながら比較的地価が安い。そのため、対象地は短期滞在ではなく、中長期滞在に向いている。

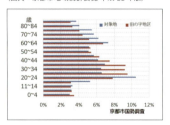

2010年の齢別人口
（出典：京都市地域統計要覧 平成22年版）

対象地区の交通網

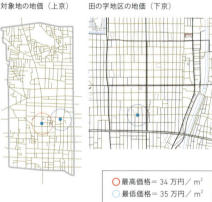

対象地の地価（上京）　　田の字地区の地価（下京）

○ 最高価格＝34万円／m²
○ 最低価格＝35万円／m²

3. 産業・生産能力の衰退
1960年においては、若年層と働き盛り人口の割合が高いが、2010年に向かうにつれて、高齢者人口の占める割合が高くなり、若年層と働き盛り人口の割合は低くなっていく。そのため、職人街・歓楽街としての特徴が喪失していく。

世帯数と人口構造の推移（出典：同上）

1960　　　　　　1970　　　　　　1990　　　　　　2010

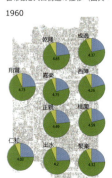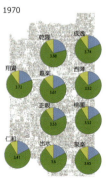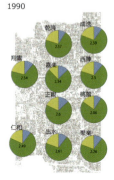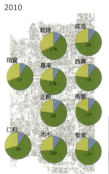

0-14歳
15-64歳
65歳以上
数値：1世帯当たりの人員（人）

空間分析

▶▶ 対象敷地である上京の空間的、建築的特徴として寺、細街路、町家の多さが挙げられる。下京（田の字地区）との比較を通して、その空間的特性を記述、分析する。

1. 寺

寺が寺町のみに集中している下京に比べ、上京では全域にまんべんなく密集している。

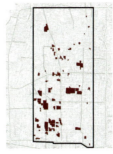

寺のマッピング（対象地区）　　　寺のマッピング（田の字地区）

2. 細街路

下京では直線的で袋地状の細街路が多いが、上京では細街路同士が近接し、コの字型や枝分かれ等が迷宮的な細街路空間をつくりだしている。

青：二項道路（細街路）
赤：非道路

細街路のマッピング（対象地区）　　細街路のマッピング（田の字地区）　　建て替えに伴うセットバックで拡幅されてゆく細街路空間

3. 町家

下京に多くみられる表屋作りの町家とは異なり、上京では社会的分業に基づく小規模な織屋建てが数多くみられる。

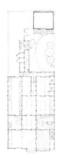

織屋建て（対象地）
・西陣に多い
・規模は小さい
・棟は1つ
・家の奥に作業場がある

表屋（田の字地区）
・室町通りに多い
・規模が大きい
・店舗用の棟と生活空間の棟に分かれている
・庭や蔵が奥に存在する

寺・細街路・町家の現在

▶▶ 上記のような豊かな空間特性をもつ地域であるが、建物の維持管理の困難さに起因する寺の敷地の縮小や廃寺が増加している。また、防災性向上のための細街路の拡幅整備、町家の老朽化・空家化・取り壊しなども進んでいる。

対象地の細街路沿いに数多く建つ町家は、寺の土地に借地権により建てられていることが多いが、宅地化やコンビニなどへの高額転貸も多く、借地権本来の目的が形骸化している。

凡例：御堂／集合住宅／駐車場／市に公園として貸出／店舗／戸建て

切り売りにより寺の敷地が縮小。売却された敷地にはマンションや小規模住宅、店舗が建てられている。（Google Maps をもとに作成｜画像 ©2015 Digital Earth Technology, DigitalGlobe）

公共再編のコンセプト

寺をコアに界隈を再編する

寺、細街路、町家が数多く残存する空間形態、伝統的に社会的弱者を包摂してきた寺の役割、借地が多いという土地所有の構造に着目する。また、公共交通の便や地価の状況から、対象地は短期訪問より中長期居住に向いていると捉えた。そこで、こだわりをもった小規模な生業が集積しつつ、趣味を嗜む人が集まり、「生きがい」を愉しむ街を目指す。

単身貧困高齢者の増加が予想されるなか、死ぬまでのプロセスを充実させるような場の創出を寺の境内に期待する。また、細街路沿いの借地に多く建つ町家に小規模生業を集積させ、さまざまな人がこの街で嗜む機会を生み出す。細街路を積極的に評価し、防災性を確保しつつ、細街路自体の迷宮性を高めていく。

1. 寺の機能の再構築

▶▶ 土地・建物を維持管理できている寺では、その境内や建物を活用して「甲斐場」（嗜み・道楽の場）の導入、死を待つ家（寝食の場）の提供、火葬場と埋灰地の整備を行う。ここでの収入が葬式と墓場に代わって寺の維持管理にかかる費用に充てられる。建物の維持管理のためこれまで土地を切り売りしてきたが、すでに残された土地も少なく、今後の存続が困難な寺においては、廃寺になることを想定する。その後、寺の敷地は、誰の所有でもない公共スペースとする。

2. 借地権の再編

▶▶ 賃借人が1年以上居住せずに放置された借地は、権利が寺に返却され、生業用途にインセンティブを与え、同用途の集積を誘導する。各寺独自の特徴ある生業が集積した町の形成が期待される。

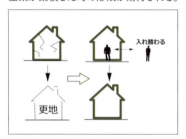

ミニ借地権の設定

ミニ借地権の運用方法
1年間放置された場合、空き家とみなし借地権が寺に返還される。

空き家のシミュレーション
対象地のとある学校区人口 × 上京区の2035年までの人口減少率 ÷ 対象地の世帯当たり人数 = 2035年までの減少世帯数（1399 × 0.14 ÷ 2 = 97.93）

現状　　　　　提案を適用しない場合（20年後）　　提案を適用した場合（20年後）

3. 細街路空間の保全・改変

▶▶ 細街路が密集しているという対象地特有の空間性を改変しつつ、全体として保全を図るために、横セットバックの適用により二方向避難を可能とする。安全性を確保しつつ、袋地状細街路と境内のような広場との接続や、細街路同士の接続を促進する。

横セットバックのプロセス
前面道路に交差する隣地境界線の片方を1.75mセットバックさせる。

建て替えのプロセス

一方向しか避難できない建物。／そのうち、横セットバックによる建て替えが可能な建物。／横セットバックにより細街路同士がつながる。／周囲も建て替え可能となる。入居する生業の幅も広がる。／街路の迷宮性が高まり、二方向避難が可能となる。

ルール適用のプロセス

災害時一方向しか避難できない建物の分布。　横セットバックによる建て替えが可能な建物の分布。　セットバックによって細街路どうしがつながり、多くの建物が二方向避難可能になる。

龍谷大学 阿部大輔ゼミ＋京都建築専門学校 魚谷繁礼ゼミ

計画 ▶ 良質な生と死を演出する都市

▶▶ 寺・借地・細街路に関わる計画と、それら計画の実現された対象地域にありうる建築を提案する。

提案のシミュレーション

40年後（ルール適用せず）
- 細街路：二項道路では順次拡幅が進み、細街路空間が消失する。非道路では建物の更新が進まず、老朽化が進展、空き家・空き地が増加していく。また、路地奥の土地の合筆が進み、マンションや商業施設などの建設が可能となり、地区の空間的特徴が失われていく蓋然性が高い。
- 寺：経営難により、敷地の切り売りが進み、マンションやコンビニなどが建設されていく。
- 借地：空き家、空き地が増加する。

40年後（ルール適用）
- 細街路：路地奥に面する建物も、空間性を損なうことなく、建て替えが可能になる。横セットバックにより細街路同士がつながり、迷宮性の高い空間がつくられていく。避難経路も二方向に確保され、防災性が向上する。
- 寺：「甲斐場（かいば）」の設置により、「嗜む」活動の場として再生する。廃寺は誰のものでもないオープンスペースに。
- 借地：小規模こだわり型生業用途が集積する。生業同士が連携しながら、新たな創作・生産の場となる。

細街路沿いの借地に建つ建築

借地内観イメージ

▶▶ 借地権付きの土地に、生業用途を誘導。表と裏が細街路のため、横セットバックを行う。近接した建物にはそれぞれ、関連した業種が連携・補完しあう関係性が生まれると考えられる。こうした関係性を踏まえ、織屋建ての建物に質屋を、横セットバックを行い、建物に遺品工房を設計した。

横セットバックを行ったことにより、横も街路に接することになる。そうすることで、商店としてのポテンシャルも高まる。

1階平面図　1:300

2階平面図　1:300

細街路沿いの借地

寺の境内に建つ建築：死を待つ家

塔頭イメージ

▶▶ 死を待つ家に入居した人は死ぬまでの最低限の生活が保障され人生を全うすることができる。入居した人たちと、共同で生活をする。死を待つ家で亡くなったあとは、火葬場で焼かれ、墓場で灰をまかれる。

塔頭 平面図　1:600

寺の境内に建つ建築：火葬場

火葬場イメージ

▶▶ 老朽化して修理が困難になった御堂に火葬場としての機能を備えたキューブを挿入することで、新たな使い方を提案する。

火葬場 平面図　1:600

寺の境内に建つ建築：墓

墓場イメージ

▶▶ ベンチから、遺灰を撒く場としての塔へと高さを変えながら、包む様に緩くカーブする、コンクリート壁。墓不足や墓の価格高騰といった問題を抱える時代において新たな墓のあり方を提案する。

墓場 平面図

REVIEW

PRESENTATION 01

借りて嗜む都市のかたち
龍谷大学　阿部大輔ゼミ ＋ 京都建築専門学校　魚谷繁礼ゼミ

JURY

大野　日本全国にあるお寺の数はコンビニより多いんですよね。お寺が、都市のなかにも村にもあって、それがコミュニティの中心にあるんです。問題は、檀家がなくなって収入源が減ってること。ただ、日本の憲法では政教分離が定められていて、制度的に寺を支援することが難しい。なので、中心的な機能を担う部分を宗教法人から分離して、公共的に保全して共有するというのは制度的にあると思います。ただ、これからも寺社やお坊さんが地域の中心であり続けるのかということについては別の問題です。

路地の生業については、小さいロットで借りられる場所が都市の中にあるというのはいいことだと思う。新規開発をすると、大阪駅の北ヤードとか、東京の湾岸みたいに敷居の高いものになっちゃうから。でもある程度の競争原理や流動性は必要で、『三丁目の夕日』的な後ろ向きなイメージにならないほうがいい。

学生　「ミニ借地権」によって、10年という期間で全ての人が出ていく仕組みです。こうして流動性をして、インキュベーション的な期間として考えています。

大野　その考え方は、行政的な発想ですね。成功した人には残ってもらって、家賃と税をきちんと払ってもらったほうがいいんですよ。事業の成功には場所的特性が密接に関わってくるんですよ。

POSTER SESSION

嘉名　これは、お寺じゃなければダメなんですか？　僕は、京都市ではない、新しい公共主体の提案として見ると理解できるんですよね。でも、なまじ寺的なものを引きずっていて、その宗教的なものも含めて、もっと新しいものだと言ったほうが、わかりやすいかなと思ったんですけれど。

八木　ぜひ、寺をやめてもらいたい。というのも、僕も根っからの京都人ですが、いわゆる檀家としてこのシステムは許せない。

朽木　うちの実家はお寺なのですが檀家は減っているんです。それならば、こういうことをやってもらったほうがありがたい。最近はタワー型墓地も出てきて、墓の形式がどんどん崩壊しているなかでもう一回、新しく死者を弔う場所っていうのと、地域の生活をどのようにつなげていくのかというのは、僕は有り得る提案かなと思いました。

嘉名　都市計画では寺の境内を公園にしていることって結構あるんですよ。それは、寺だからではなく、そういうスペースに価値を見出している。そういう考え方をしたほうがいいんじゃないかと思うんです。つまり、寺がもっている機能とか空間に公共性があることが重要で、それがたまたま、寺の経営難という話とうまく噛み合うよねという話程度でよかったんじゃないかな。結局、寺と深く関わると大野先生が言うようにアンタッチャブルになってくるから。

阿部　土地を所有することへの執着が、都市問題を難しくしてきたことがあります。それに対して、借りて回していくというのがこれから大きな価値を生むのではないか、ということです。寺は借地をもっていることが多いので取り上げましたが、借地をたくさんもっている地主さんでも同じ提案ができると思います。

KAS REVIEW

朽木順綱（大阪工業大学 准教授）

本提案は、彼らがこれまでフィールドワークを積み重ねてきた「田の字地区」を飛び出し、新たな敷地設定のもとで挑まれた意欲作である。しかも、寺院という、都市における宗教空間に言及していることに、かれらの慧眼を思い知らされずにはいられない。

「公共の場」をどのように捉えるかという問題設定を、素直に読み下せば「誰もがアクセスできる」ということになるが、本チームは、それをまったくの裏側から鮮やかに解題してみせた。つまり、「誰のものでもない」ということである。前者の解釈で計画しようとしても、空間を規定する条件がないに等しく、結局は無意味なオープンスペースでふやけた近代都市が再生産されるだけである。一方この提案は、「所有できない」という禁制を、宗教という心性に結びつけて空間化することで時間的パースペクティブの獲得にも成功している。都市の40年後を想定せよという課題に対して、空間的にも時間的にもこれほど適切な「定点」となる視点はない。都市における寺院や墓地は、大阪の阿倍野墓地を例に出すまでもなく、どれだけ周囲の土地利用が変化しようと、容易には転用されない。宗教空間は、現代にあっても、われわれが地霊的なものに対して謙虚になり、未来へと手付かずのまま送り届けることのできる（あるいは送り届けるよりほかはない）、最後の都市空間といえるかもしれない。しかも、彼らの提案内容には寺院空間そのものだけでなく、これに由来する細街路や空き地、長屋などの、都市固有の生活空間が含まれている。寺院を核として、ここに連繋する都市景観の継承まで見据えることのできる広がりをもった提案である。ここまで一気通貫された全体の問題提起からみれば、個々の空間の設計に残るいくらかの粗さや稚拙さなど、取るに足りない事柄である。

SUPERVISOR REVIEW

阿部大輔（龍谷大学 准教授） 魚谷繁礼（京都建築専門学校 非常勤講師）

社会背景や空間所有の形態のいかんを問わず、どのような空間であれ公共性は宿る。このことを前提に、土地を所有することで資産的価値を高めるのではなく、土地を借りることで利用価値を高めていくこと。これが本作品の提案する公共の場の再編のカタチだ。

現代都市の動きを司るのは市場性であり、その市場性は土地に根ざす。そして、世界的に見ても土地の個人所有率が高いわが国では、公共の場を再編するにあたり、土地所有者の優位性から逃れることはできない。土地所有の形態にもいくつかの類型があるだろうが、本提案では土地の個人所有のひとつの裏返しとしての借地の存在に、都市を再構築するチャンスを見いだしている。

私たちは労働以外にどのような「存在理由」をもって、これからの都市を生きていくのだろう？ 本格的な人口減少社会を迎えた今後、個々人の「生きがい」の発露と都市空間の再編は、分ちがたく結びついていく。（阿部大輔）

昨年度まで一貫して京都の田の字地区（下京エリア）を対象地域としてきたが、今年度初めて上京エリアを対象地域とした。京都市では街並み景観や町家保全、近年では細街路再生や空き家活用を主たる課題とし、その解決策が検討されてきたが、今後新たに寺社が所有する莫大な土地の扱いが重要になってくると考えられる。そして上京エリアはこれらの課題を全て抱える。上京下京両エリアは、ともに京都における歴史的市街地であるが、立地（交通）、路地、町家、寺を切り口に両エリアの相違と相対的な特質を見いだすことができた。上京エリアを対象地域とし、同じ歴史的市街地である下京エリアとはまた異なるビジョンを構築しその実現のための方法が提案できているのではないかと考える。（魚谷繁礼）

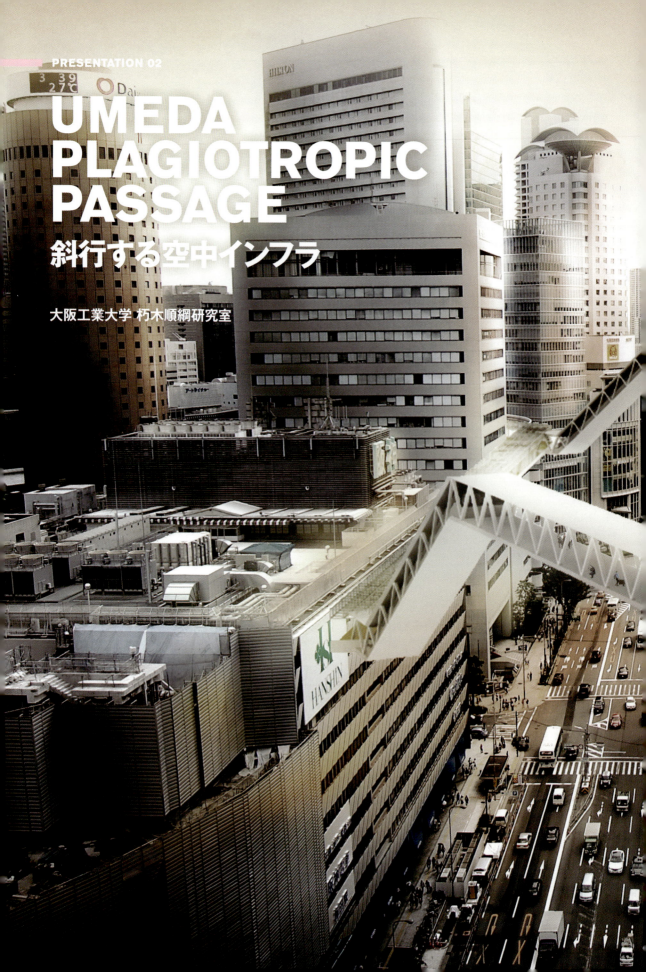

敷地分析　未開の公共空間：ビルの空隙

▶▶ 今回、対象敷地とした梅田は、数多くの交通インフラを有し、多方面からの玄関口としての機能や、高層ビル群によって日本有数の経済活動拠点となっている。このように複雑化した都市空間の領域特性を知るため、建築家ジャンバチスタ・ノリが白と黒に塗り分けた地図を用いて都市のアクセシビリティを分類したように、梅田周辺を調査した。これは建築や道路といった分類ではなく、公共性によって記述された都市領域図である。フロアレベルごとのパブリック空間およびプライベート空間を白と黒によって塗り分けることで、都市空間における公共性の分布を平面的かつ立体的に把握することができる。大阪駅周辺の中心部では低層部における大部分が公共空間となっていること、また、建物上空の白を公共空間とみなせば、フロアレベルが高くなるほど地図全域にわたって公共性が高くなっていることがわかる。これは1900年代以降から現在に至るまでの都市計画の結果の現れであり、今後もその傾向は強く現れると考えられる。

『うめきた2期区域開発』について
うめきた2期区域開発では、計画案の一部に「南海トラフ大地震の想定も踏まえ、大規模震災時の一時退避スペースや救助活動等を行うために必要な空間を確保する」という災害に対する規定も決められている。

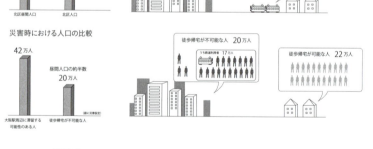

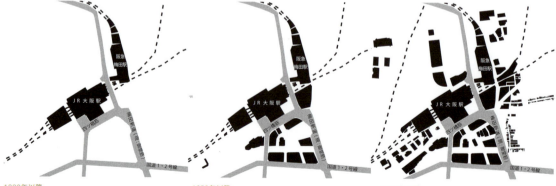

1900年以降
「大阪駅」「阪急梅田駅」「阪神梅田駅」が開業。その後『キタの大火』の大火災の復興事業により、道路整備などの都市基盤が向上する。

1950年以降
大阪万博や高度経済成長に伴い阪急地下の商業エリアの開発、国道2号線北側に広がった密集市街地の再開発が進み、梅田の街の高層化が始まる。

2000年以降
梅田の開発はさらに加速し、梅田スカイビルを中心とする新梅田シティ、古い街並みを残していた茶屋町の再開発、大阪アメニティパーク、オオサカ・ガーデン・シティなど都市開発が梅田の西・北方向にも進んでいる。

公共再編のコンセプト　災害に強い超三次元都市

▶▶ 敷地分析より、都市の上部に残された余白を新たな公共空間の可能性と捉え、『空中インフラ計画』を提案し、〈公共の場の再編〉を行う。今や超高層化された梅田。高層ビルはもっぱらエレベーターでの垂直高速移動に依存し、自らが目的とする場所のみへのアクセスを提供するにとどまっている。そこで、各ビル群をつなぐエスカレーター群による空中インフラを計画し、都市に新たな「パッサージュ」を挿入する。空中からの街の見え方の変化や、それに伴い、地上で行われているイベントの再発見、各ビルの同じ用途の部分を連結することによる歩行者交通の利便性向上などが可能となる。またこのエスカレーター群は災害時の避難動線としての機能をみこしており、浸水被害などで地上レベルが使用できない場合の災害難民の軽減、地震などによるエレベーター停止時の避難経路の選択肢のひとつとして考えている。通常時と非常時の両面の役割を担い、柔軟性をもたせることによって、今後の都市計画とともに成長する新たなインフラ網を計画する。

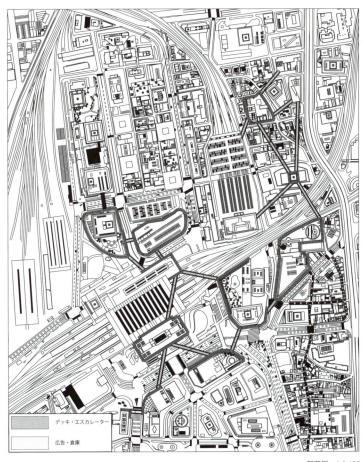

配置図　1:2,400

2020年以降
梅田の西・北方向の計画も進み、新たな都市計画も進む。今回の計画である『空中インフラ計画』も進行され、2050年の完成を目指している。

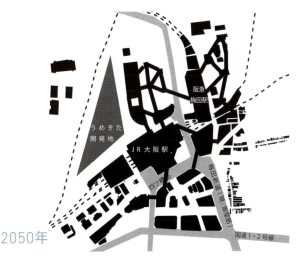

2050年

計画 斜行する空中インフラを架け渡す

通常時における提案

▶ 建物同士をエスカレーターでつなぐことによって、垂直でも水平でもない、ゆるやかに移動する斜めの動線ができ、都市の景観を楽しみながら梅田の各地で行われているイベントを発見することができる。建物同士のつなぎ方にはルールを決め、つなぐビルの用途が同じ場合、そのビル同士での競争・連携を図ることができ、都市のさらなる活性化がもたらされる。斜め移動の展望性を活かし、地上から都市景観を損なうことのない建物の屋上面などを利用した広告による経済効果も期待できる。

屋上広告による経済的効果

この計画に関わるコストは、新たな広告スペースの創出によって賄われる。空中インフラの建設のために必要な屋上構造物を広告スペースとして、つなげたビル群に入居している店舗情報などを表示する。

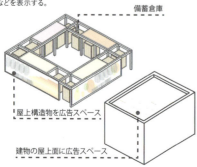

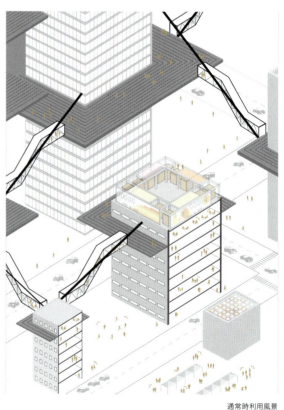

通常時利用風景

大阪工業大学 朽木順綱研究室

災害時における提案

▶▶ 電力が得られない災害時においてもエスカレーターは階段として利用でき、人々の避難を目的とした通行が可能である。空中インフラによる複数の避難ルートを確保することで、エレベーターが緊急停止したり、地下・地上レベルの避難ルートが使用できなくなっても、エスカレーターでつながれている別の建物に避難することができる。また、空中インフラの接続部分のデッキの構造体の一部は備蓄倉庫となっており、一時避難場所として利用することができる。

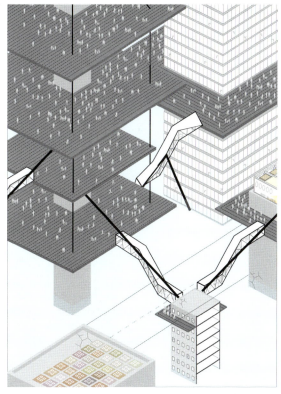

災害時利用風景

災害時におけるエスカレーターの機能
電力が得られない災害時においても、エスカレーターは階段として利用できるため、人々の避難を目的とした通行が可能である。

空中インフラにおけるダンパーの設置

地震発生時には空中インフラに設けられたダンパーの効果により、空中インフラ自体の損傷を防ぐとともに、建物どうしの揺れを互いに軽減し、地震力を吸収することで、つながれた各建物の耐震性を高めることもできる。

エスカレーター・デッキのダンパーの部分詳細

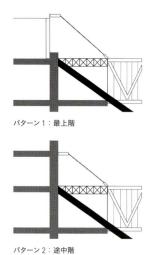

パターン1：最上階

パターン2：途中階

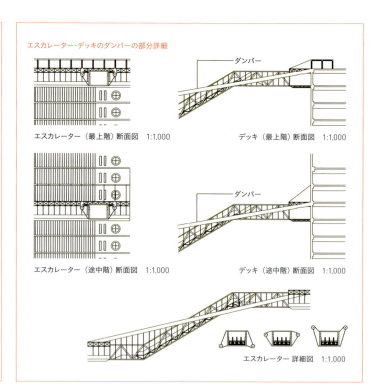

エスカレーター（最上階）断面図　1:1,000　　デッキ（最上階）断面図　1:1,000

エスカレーター（途中階）断面図　1:1,000　　デッキ（途中階）断面図　1:1,000

エスカレーター 詳細図　1:1,000

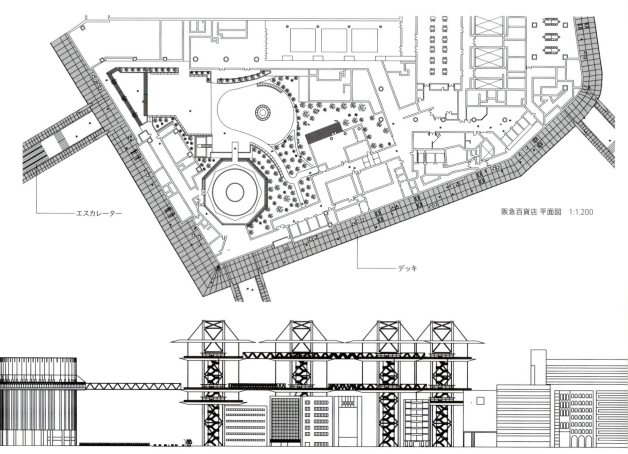

エスカレーター

デッキ

阪急百貨店 平面図　1:1,200

東立面図　1:800

34　大阪工業大学　朽木順綱研究室

デッキでのにぎわいの様子

エスカレーター移動時の様子

REVIEW

PRESENTATION 02
UMEDA PLAGIOTROPIC PASSAGE
大阪工業大学 朽木順綱研究室

JURY

嘉名　公共機能を立体的に展開したらどうかというアイデアとしてはすごく面白いと思いました。ですが、「もっと地面を信じたらいいじゃないか」とも感じてしまうんですよね。もちろん、梅田にキャンパスのある大阪工業大学の学生だからこそ、現状の梅田をよく見た計画だと思います。人の動線は迷宮状になった地下道かデッキで、地上は車に譲っている。この現状を趨勢すれば彼らの計画のようになるのでしょう。でも、私は「地面を人の空間として返してもらう」という地点から出発していいと思うんです。それから、グランフロントの横にある芝田という地区には味のある飲み屋がたくさんあって、ちょっとここはやめてよ、という気持ちもあります（笑）。一口に梅田と言っても、地面にはとても多様な場所があって、こうした場所をもっと活かす方法があるんじゃないだろうか。今の都市ってだめだから、上に上にいこう、という感覚に寂しさを覚えました。

学生　空中にデッキをつなぐことで、地上に対する新しい視点が生まれて、地上へアクセスする人が増えるのではないかと考えています。

嘉名　地面が負いすぎている公共性を、いろんなところに分散する展開もあるかもしれません。だからこそ、地上を含めた全体像を出してもらえるといいかなと思いました。
それと、災害についてですが、南海トラフ地震の津波が大阪まで到達するのは来るのは2時間後ですからね。10分後に緊急避難みたいなことはないと思います。

学生　2時間後というのもあるんですが、来訪者の多い都市において、梅田の高層ビルに入れば、デッキを伝って逃げられるということを、視覚的に理解できることが重要なのではないかと考えています。

POSTER SESSION

朽木　いきなり担当教員の助っ人から入ります。この提案では、確かに津波の到達時間などの問題に取り組みましたが、一番は、公共性がもっともクリティカルに問われる瞬間に、誰もが使える場所をつくるということを念頭に取り組んだ、ということだけ申し添えておきます。そのことと日常の公共性をどうつなげていくのかということ考えていました。

大野　ここまで津波が来るのはかなり低い頻度ですよね？ 仮に500年周期だとして、500年間使わない建物をもち続けるというのは、ありえないことだと思います。地上を大事にしようと言わなくたって、みんな地上を選ぶでしょう。立体として上手くいっている香港のセントラル地区は、ブリッジがあるのは2層目なんですよね。つねに人が地上レベルとブリッジレベルを行き来できるようになっているんです。1960年代には、こういう絵がたくさんあったけれども、2015年にこれをまた描く意味はないと思うな。

朽木　大阪工業大学はグランフロント大阪にサテライトキャンパスをもっていて、KASの中間講評もそこでやっていますが、上層階になればなるほど棟から棟へ移動するのにイライラするんですね。すぐそこに見えているのに行けない。われわれが提案する空間が退屈だと言われればそう見えるかもしれませんが、もしかしたら、新しい都市景観が生まれているのではないかという期待ですね。必ず下層階に降りてから移動しなければいけないという高層ビルの問題を解決できているのかわかりませんけれども、一つの提案というか可能性として見てもらえたらなと思います。

嘉名　これもダイアグラムといえるかもしれませんね。

KAS REVIEW

松岡 聡（近畿大学 准教授）

ジャンバチスタ・ノリが描いた18世紀のローマの街は、アクセシビリティの視点から白黒に塗り分けられている。この示唆的な配置図を見て思うのは、現在の都市がこのように簡単に白黒つけられるのか、ということである。物理的な障害だけでなく、経済的なバリアや当人のステイタスや資質などによる多層的なバリアが、アクセシビリティから見た場の濃淡を生みだす。想像にたやすいことだが、18世紀のローマの白いエリア全てが同種の公共であり、グレーの領域が存在しなかったなどということはやはりありえない。さまざまなレベルの公共があり、同時に多様な空間の所有、限られた人びとの共有があった。ノリの図の天才的な点は、そこをあえて白黒に塗り分けたことであり、それによって図と地の反転対称性がローマの街を歩く際の移ろいのリズムや解像度を明らかにした。前世紀までに大規模な都市改造を行い、18世紀のモデル都市に躍り出たローマという街が住民の自負にあふれ、同時に、教皇に奉じられたという配置図が、倫理的、公益的、啓蒙的な理想に彩られたものであったことは想像に難くない。限りなくグレーに近い白に溢れているに違いない。

大阪工業大学チームは、地上階に限られていたノリの公私の塗り分けを、立体化した梅田の街に対して行っている。そこから巨大なパブリックの候補地が上空の「空白」に溢れているとして、人工地盤による第二の公共空間をターミナルの街を計画した。たしかに空中はuntitledなスペースが広がる絶好の公共空間であるが、ノリがやり残した公共空間どうしの濃淡という点から考えると、長大なエスカレータにより分離された地上のパブリックスペースがどうなるのかという視点が乏しいようにも感じる。すでにtitledされたさまざまな公私の塗り分けの精度、今有効な白の「白さ」を問うことも大切だと思う。

SUPERVISOR REVIEW

朽木順綱（大阪工業大学 准教授）

われわれの計画はまず、「公共の場」が確実に必要とされるクリティカルな状況とは何かを検討することから始まった。何かを建てれば、それは必ず誰かにとっての障壁となる。しかし設計課題である以上、ただ何もない空地をつくるのではなく、何かを建てなければならない。こうした状況から抜け出すには、何らかの窮極的な前提のもとで否応なしに「公共性」が発動される条件を設定するよりほかはない。

レベッカ・ソルニットの『災害ユートピア』も示唆することであるが、未曾有の災害下にあっては、個人の私性は自発的に抑制され、そこここに公共空間が開かれることになる。都市的な施設や設備でいえば、指定避難所や広域避難場所のみならず、災害対応自動販売機に至るまで、ジャンバチスタ・ノリがローマの地図で黒く塗りつぶして示したような大小さまざまの私的空間が、災害時にはオセロゲームの逆転劇のようにたちまちのうちに白く反転し、さらにはそれらが互いに連鎖してゆくことになる。われわれが想定したのは、そのような空間の所有形態の反転とそれらの連鎖による新たな公共空間の出現であった。建物の屋上空間は、ル・コルビュジエがいわゆる「近代建築の5原則」における屋上庭園を「獲得された土地」と位置づけたように、都市空間の新たな余剰地であり、それゆえに上述したような所有形態の反転の余地が残されているように思われた。そしてこれらをつなぎ合わせることで、地上空間のさまざまな物的・制度的障壁を乗り越えようと考えたのである。

講評会では、着想そのものから、形態や構造の妥当性にいたるまで、さまざまな批判を受けたが、個人的には、高層建築を縫うようにして何本ものエスカレーターがのんびりと移ろってゆく日常の風景は、災害時の過酷な状況下とは全く別の、パッサージュとしての極めて都市的な意味をもっていると思う。

PRESENTATION 03

工・園——Industrial Farm

東大阪市高井田地区における「道」を介した中小工業集積地将来構想

大阪産業大学 松本裕研究室

敷地分析　衰退する国内最高密度の大工業地域

▶▶ 東大阪市高井田地区は、大阪湾の湿地帯が新田開発、耕地整理を経て土地区画整理された結果、今日の特徴的な碁盤目状都市組織を形成するに至った。地価の低廉さもあり、当地区は工場密度全国1位の職住近接・住工混在型のモノづくりの町として発展した。しかし近年、工場が減少する一方で画地分譲やマンション化が進み、居住地と工場との間で、騒音や日照阻害などの環境問題が深刻になっている。少子高齢化に伴う後継者不足、生産現場の海外移転を背景として全国的に製造業は斜陽化しており（事業所数は平成15年から25年にかけて15.9％減少）、高井田地区は、日本の産業基盤を成す中小工業集積地の将来像を構想するうえで貴重な事例である。

土地区画整理の変遷

大阪湾湿地　→　新田開発　→　耕地整理　→　土地区画整理

工場数と従業者数：工場密度

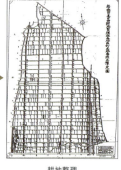

工場数と従業者数：事業者数

大阪市、高井田の主要インフラ
（下図はGoogle Mapsをもとに作成｜画像 ©2015 Cnes/Spot Image, Digital Earth Technology, DigitalGlobe）

都市組織図（事業所と居住施設のみを抽出）

事業所（販売商業、業務、工業施設）／住居施設（一戸建て、長屋建て・共同・併用住宅）

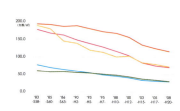
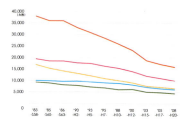

1973年　→　1991年　→　2015年

職住近接　　現在の高井田本通り　　高井田地区の現状の緑地

大阪産業大学 松本裕研究室

公共再編のコンセプト　将来性ある産業を線状に再組織する

▶▶ 高井田地区では、工場数の減少と住宅数の増加が今後も続くと予想され、東大阪市の施策面でも住工分離へ舵が切られている。こうした状況をふまえ、本計画では、40年後の都市のカタチとして次の2点を目標とした。

1. 東大阪市が認定する「オンリーワン企業」と事業規模の維持発展が見込まれる「プレミアム産業」へと集約する（現敷地面積の約30％と試算）。
2. 鉄道駅周辺で進む宅地化の流れを活かし良好な住環境へと誘導する。

これらを実現化するために、オンリーワン企業、プレミアム産業の残存予測を行った。また、高井田地区の空間特性の分析を通して、この場所に適合した計画を提案する。

1. オンリーワン企業／プレミアム産業の残存予測

オンリーワン企業

▶▶ オンリーワン企業とは、これがないと最終製品ができないという東大阪市が認定する東大阪ブランドの認定製品の製造企業。高井田の全事業所面積のうち、約1割をオンリーワン企業が占める。

オンリーワン企業の位置

※F地域とは、東大阪市で街づくりを考える目安となる7地域を設定したうちのひとつ

―― 高井田内のオンリーワン企業＝9社 ――
産業：佐藤鉄工　山本光学　ホーライ　友定建機　株式会社電業
暮らし
もの：日本化線　タイガーゴム　ゴリョウ　岡田工業株式会社
部品：OGK　大阪単車用品工業株式会社

高井田のオンリーワン企業：佐藤鉄工、日本化線、など9社の面積
24,129㎡

＋

F地域（高井田を含む地区）において残ると予想される産業一般・特殊機器、輸送機器の面積（目安）
63,091㎡
＝高井田地区の全事業所の占める面積233,700㎡×27.1％

↓

87,220㎡ 高井田地区で今後残ると予測される事業所の面積（目安）

プレミアム産業

▶▶ 以下のデータから、「輸送機器」「一般・特殊機械」は今後の維持発展が期待されると分析されている。

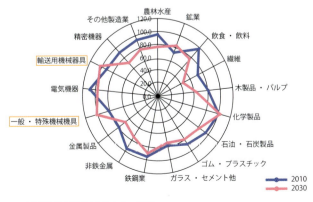

今後維持発展が期待されるプレミアム産業
（2010-30年の製造業生産指数の変化［2005年＝100］）

高井田を含むF地区でも、平成13年から平成24年まで事業所数の大きな変化は少なく、プレミアム産業として残っていくと推測される

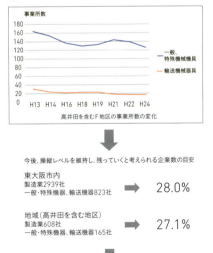
高井田を含むF地区の事業所数の変化

↓

今後、操業レベルを維持し、残っていくと考えられる企業数の目安

東大阪市内
製造業2939社
一般・特殊機器、輸送機器823社　➡　**28.0％**

地域（高井田を含む地区）
製造業608社
一般・特殊機器、輸送機器165社　➡　**27.1％**

↓

27.1％（165社）が残ると推測される

2. 空間の分析と再構成

▶▶ 目標実現に向けた建築的・空間的アイデアとしては、碁盤目状都市組織の基本構造となっている道路に着目し、「幹（主軸）」「枝（副軸）」「シュート（微軸）」の3層へと道路の階層化を行う。この軸に沿って、住工の適度な混在状態へと再編を図る。結果、工場の操業環境を改善するとともに、居住エリアに歩道や街路樹が整備され、極端に緑被率の低い高井田地区に、道路軸が一本の大木のように枝葉を茂らせて工場街を蘇生していく提案である。

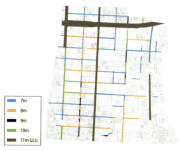

高井田内の道路幅

道幅の分析：幹［主］軸＝クロスロード

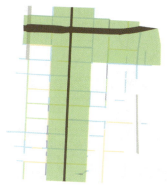

11m以上の道路を都市の主軸「クロスロード」（地図上、茶色の部分）とし、クロスロードに接する区画を「クロスロードエリア」として工業の集積地とする。

道幅の分析：枝［副］軸

オンリーワン企業（地図上、オレンジの部分）を地域の核とする。オンリーワン企業への道路を幹［主］軸から派生させ、職住近接型街区を再編する。

全体構成

道幅の分析：シュート［微］軸

 →  →

住宅地へのアクセスのための道路を育成する。　　住居と工場がゆるやかに分離され宅地化が進む。　　farmとしての機能を取り入れることで、スプロール的に広がった住宅地の養生を図る。

大阪産業大学 松本裕研究室

計画 緑豊かな工・住分離都市を形成する

▶▶ 階層化した道路の内、最大幅員道路（11m以上）に高井田本通りと中央大通りが相当する。この二本の大通りは東西南北に十字交差しており、その形状から「クロスロード」と名づけ、幹（主軸）に位置付けた。

円滑な物資搬出入に特化したクロスロード沿いの街区に、1. 工場、2. 工場団地、3. 工業中央卸売市場（現高井田西小学校をリノベーション）、4. グリーンヤード（労働者の憩いの場であり職住近接エリアとのバッファー機能を有す）を設けた。工場は北側採光を基本とし、南面する傾斜屋根にはソーラーパネルを設け、発電効率が最大化するように角度設計した。

幹にあたるクロスロードから、オンリーワン企業を核とする職住近接エリアへと枝（副軸）を伸ばし、さらにシュート（微軸）を張り出させ、そこに豊かな緑を宿す住宅を配した。この職住近接エリアは、1. デイケアセンター＋保育施設＋貸農園、2. SOHO（市営住宅をリノベーション）＋貸工場、3. 個人住宅より構成されている。

クロスロードエリア

クロスロード・エリアの時間軸による変遷

2015年

2035年

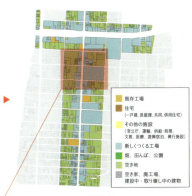
2055年

既存工場
住宅（一戸建、長屋建、共同、併用住宅）
その他の施設（官公庁、運輸、供給・処理、文教、医療、遊興宿泊、興行施設）
新しくつくる工場
畑、田んぼ、公園
空き地
空き家、廃工場、建設中・取り壊し中の建物

配置図＋平面図

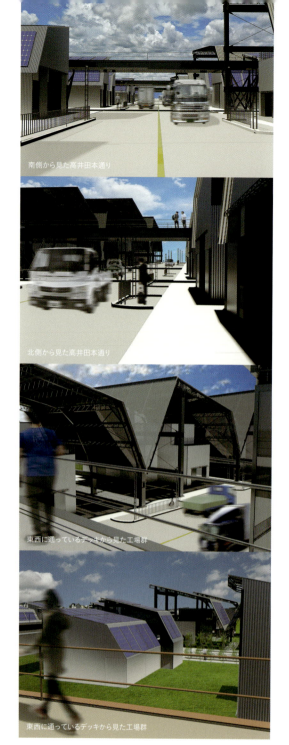

南側から見た高井田本通り

北側から見た高井田本通り

東西に通っているデッキから見た工場群

東西に通っているデッキから見た工場群

1. 工場

道幅の広いクロスロード沿いに工場の間口を集約することで操業環境を改善し、現在問題となっている工場と住宅との間のトラブルを軽減する。

2. グリーンヤード沿い工場団地

単独の工場に加え、小規模の工場が集合した工業団地を配し、少人数で起業しやすい環境を整える。

3. 工業中央卸売市場

製造された工業製品や部品を一同に集めた工業の中央卸売り市場（小学校をリノベーション）を設け、情報発信や販売促進を行う。

断面図　1:600

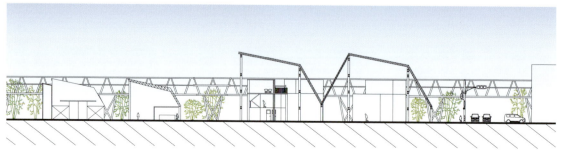

職住近接エリア

職住近接エリアの farm を要する時間軸による変遷

2015 年　　　　　　　2035 年　　　　　　　2055 年

1. デイケアセンター＋保育施設＋貸農園

高齢者が進んだ労働者や子供たちが集まり、野菜作りやガーデニングを行うことにより、世代間の交流をはかる。

2. SOHO（市営住宅をリノベーション）＋貸工場

既存の市営住宅　　　　SOHO へリノベーション

クリエイターが中心となり貸し工場を利用してワークショップやアート活動を行うことによって、工場と周辺住民や高井田と他地域を結ぶ。また、ワークショップで作成したものを販売・展示を通し高井田の魅力を広める。熟練技術者とアーティストのコラボレーションを促す。

3. 個人住宅

個人住宅　バリエーション A

個人住宅　バリエーション B

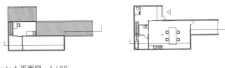
バリエーション A 平面図　1:600

バリエーション B 平面図　1:600

バリエーション A 平面図　1:600

バリエーション B 平面図　1:600

REVIEW

PRESENTATION 03
工・園──Industrial Farm
大阪産業大学 松本裕研究室

JURY

大野 発表のなかで、現在成功している企業・産業の名前を挙げていましたけど、これから100年ずっとうまくいくわけではないですよね。SONYだって、50年前は中小企業だったのが、一時は世界のSONYになり、いまはかなり危機的状況です。この地区でも、いま成功しているものや、これから可能性を秘めている企業から、落ち目の企業まで、競争にさらされながら生産をしているわけですね。でもここで、いまいいものだけを抜き出すと、下手すると全滅するかもしれない。いい苗は悪い苗との競争から生まれてくるということもあるんですよ。植生でも刈りとると、急に風通しが良くなって枯れちゃうとか。こうした住宅地だと、ますます風当たりが強くなるとか。いい環境をあてがわれたけど、家賃が払えなくて転出してしまうとか。だから、そんなに単純に、ある時代の一断面を切って、そこで注目されている企業を元に都市をつくるというのは賢明ではないですよね。これは20世紀的アイデアで、21世紀はもっとダイナミックにいかないとやっていけないと思います。

嘉名 高井田という地区は住工混在で有名な地域で、この地域を対象に選び、計画を提案してくれたことを嬉しく思います。一つ聞きたいのは、50年後の全体計画を提示されていますが、この最終的なかたちにはどうやってもっていくのかということ。たとえば、ものづくり系で一番重要なのは、稼働し続けなければいけないところですよね。工場を止めると収入がなくなるので、みんな、別の場所に新工場をつくって引っ越しをする。そういったなかで、工場を再配置していくということは非常に難しいことだと思います。これを実現するシステムをちゃんと考えたほうがいいでしょう。

POSTER SESSION

大野 このクロスロードというゾーンは、公有地でもなんでもないんですよね? ニュータウンを計画するときはそれでいいんだけれど、現実にはこの敷地は誰かのもので、どう取得して、そこに沿ってどう工場をつくらせるのか。移転にもお金がかかるので、補助金なり何かしらのメリットがないと、ちょっと道路が広くなるだけでは工場も動かないですよね。

嘉名 多分、これはパズルみたいなもので、地域のリーダーブランドがあって、通り沿いに新社屋をつくらせるようにして、その空いた土地にまた別のものが入って、というようなシステムやストーリーが必要なのではないでしょうか。

松本 先生方からご質問いただいた通りで、実際にどのようなインセンティブを設定して、どのようにもっていくのかということが問題の核だと思います。実際にここにある高井田の中小工場というのは、やっていくだけで精一杯なので、工場を移転したり、新しく操業するというのは難しいというのが現実です。一方で、そうした現状から空き地や空き工場はたくさんあって、そうしたところを逆に活かしていく方法があると思っています。また、全部を通り沿いに集めるのではなく、住宅地にオンリーワン企業を混在させていて、職住混在も一定程度維持しつつ、操業環境を変えていくことを考えています。

嘉名 先ほどの龍谷大学+京都建築専門学校チームの提案と似ていて、土地の所有と利用の問題ですよね。テンポラリーに土地を保有するような仕組みがベースにあって、こういう街を目指しましょうといえるとよかったと思います。

KAS REVIEW

阿部大輔（龍谷大学 准教授）

宅地化が進む工業集積地（工場街）の現代的価値は何であり、そこにどういった建築的・都市設計的介入が可能なのだろうか？ これが本提案の本質的な問いであると理解した。

リサーチの末に見いだした「オンリーワン企業」と「プレミアム産業」の存在は、ほかの工場街と高井田地区を峻別する最大の特徴であり、これを核に地区再編を考える視点は、計画論的にはきわめて妥当であると思われる。

ただ、提案自体がゾーニングを基盤に「スマートできれいな」住み分けの提案に留まってしまったのは、惜しかった。住工を分離するという市の方針は、おそらく高井田地区の工場街らしさを打ち消す方向に働く。そう考えると、既存の政策は、より批判的に再検討されるべきであろう。そもそも、オンリーワン企業やプレミアム産業は、なぜこの地区で成長したのだろうか？ 要因は複数あるだろうが、工場が現在の敷地に立地していたこと、つまり工場の立地的特性も無視できない事実に違いない。また、職住近接エリアの形成も方向性に掲げているものの、オンリーワン企業やプレミアム産業への注力は、やがてその他の中小工場を衰退に追いやりはしないだろうか。そうすると、単なる有力工場と、それとは無関係のマンションが林立する地区になってしまわないだろうか。「クロスロード」沿いへの機能集積の正当性は、いまだ宙に浮いたままにも感じる。

工場街の現代的価値は、「公共の場＝園〈Farm〉」にこそ存在する、という視座はとても力強く、高いポテンシャルを感じる。だからこそ、本提案は、工場街の再生を空間再生の方法論にまで落とし込むことの難しさを示唆している。

SUPERVISOR REVIEW

松本 裕（大阪産業大学 准教授）

京都建築スクール第2フェーズ（2012-15）では、「40年後の都市を構想せよ」という主題を受け、一貫して職住混在型のまちづくりを検討した。

この40年間に、高井田地区は、隣接する大阪の都市化と連動して、工業集積度日本一を誇るものづくりの街へと発展を遂げてきた。近年は、少子高齢化と製造業の斜陽化に伴い、工場の廃業や後継者不足が深刻である。また、交通の便がいい割に比較的地価も安いため、工場跡地にマンション建設やミニ宅地開発が無秩序に進み、既存工場と新興住宅の間でトラブルが頻発している。

かかる現状に鑑み、まず2012年度テーマ「都市の核」では、最寄駅から遠く、宅地化の影響が少ない高井田地区中心部に、当地区製造の多種多様な部品を集約する工業中央市場を計画した。2013年度「商業の場の再編」では、そうした部品が製品化され消費者に渡る場として日本橋家電街を取り上げ、専門性の高い従来の小型店舗とメイドカフェなどの新萌芽サービスとの複合化を図り、大型量販店に対抗する案とした。2014年度「居住の場の再編」では、2012年度案の工業中央市場を「工城」と位置づけ、その周辺に工場を集約し、同心円状に、住工併用地域と住宅専用地域が展開する「工城場下街」を構想した。2015年度「公共の場の再編」では、道路網を公共を司る媒体と捉え、大通りを幹とし、工場と住宅を枝葉のように絡ませることで地区全体の蘇生を狙った。

こうして職住混在型都市の可能性を探るなかで、インセンティブの設定が難題として浮上した。それは公共のあり方への問いそのものでもあった。

PRESENTATION 04

重奏する都市
式年遷宮と共に歩む

京都工芸繊維大学 阪田弘一研究室

敷地分析 希薄化する神社と街の関係性

▶▶ 敷地は京都市左京区下鴨地区。鴨川と高野川の合流地点から広がる三角地帯である。低層住宅地が形成する地域で、中心には下鴨神社が位置する。かつて神社周辺には、宝物の保管や祭事の執り行いなどの役割を担う社家町が広がり、古くから神社と住民はコミュニティを築いていた。しかし、明治時代の「上知令」や近代の都市開発により、社家町は姿を消し、町と神社との関係は失われた。今日では世界文化遺産の神社境内からの景観が重要視され、用途地域や斜線制限、高さ制限などが設定されている。しかし、本通り沿いの中層建物群によって糺の森が隠れ、町に対して閉じているのが現状である。

また少子高齢化の影響で、地域コミュニティとしての町内会、小学校は弱体化しつつある。住民同士の関係が薄れゆくなか、来場者を特定しない神社は公共の場を再編する重要な役割を担うと考え、下鴨神社にふさわしい町への開き方を提案したい。

敷地図
下鴨地区の大部分は住宅地であり、その中心に下鴨神社がある。周辺には商業地域や豊かな自然、大学などさまざまな要素が存在する。（Google Mapsをもとに作成｜画像 ©2015 Cnes/Spot Image, Digital Earth Technology, DigitalGlobe）

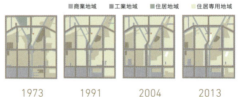

用途地域
下鴨地区は長らく住宅地としての姿が守られてきた。2013年には下鴨神社が市街化調整区域に指定された。

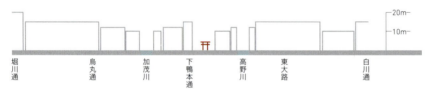

高さ制限
神社とその周囲を比較するとスケールの違いを感じる。なお、本通り沿いは下鴨神社の景観を配慮して斜線制限および高さ制限によって規制されている。

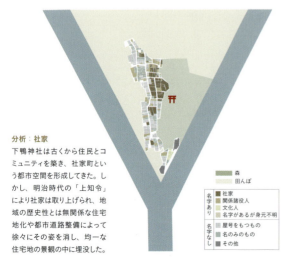

分析：社家
下鴨神社は古くから住民とコミュニティを築き、社家町という都市空間を形成してきた。しかし、明治時代の「上知令」により社家は取り上げられ、地域の歴史性とは無関係な住宅地化や都市道路整備によって徐々にその姿を消し、均一な住宅地の景観の中に埋没した。

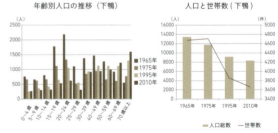

分析：人口と世帯数
年齢別人口の推移のグラフをみると、少子高齢化が進んでいることがうかがえる。世帯数も人口に比例して減少し、世帯構成人数が減ることが予想される。

京都工芸繊維大学　阪田弘一研究室

公共再編のコンセプト 余剰空間を公共化する:新上知令

▶▶ 公共とは「主体的にまわりと関係し合う」、「誰にでも平等に開けている」ことであると考える。しかし、地域コミュニティへの住民参加の場は減っている。そこで新しく神社が公共性の高い場を提供することで、各コミュニティは必要な空間を補完し合い、公共の場が成熟化してゆくことを狙う。

神社は、所有地および空き家を活用し、定期借地により福祉サービスを併設した施設を町に点在させる。機能が混在した神社施設は、希薄化する関係をより強固にし、各コミュニティの接点となる機能を果たす。

さらに下鴨地域全体に与えるルールとして、建蔽率による敷地面積の余剰を、行政が定期借地によって活用する「新上知令」を設定する。これは住民が積極的に環境の整備に参加し、自ら公共の場をつくる仕組みとなる。また詳細なルールを設定し、各コミュニティの復興と、神社と町のつながり形成を図っていく。

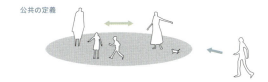

公共の定義

主体的にまわりと関係し合う　　誰にでも平等に開けている

コミュニティの多重化
下鴨地区の地域コミュニティが希薄化するおそれがあるので、神社のコミュニティの核となる施設を導入する。施設の一部を既存コミュニティにも利用できる仕組みをつくることによって、コミュニティを多重化する。

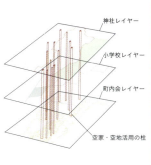

神社レイヤー
小学校レイヤー
町内会レイヤー
空家・空地活用の柱

レイヤーの多重化
レイヤーごとに手法を勘案し、環境の整備を行う。さらに、神社が地域コミュニティとの接点となるように、空家や空き地を交流の場として提供する。この場を中心に、レイヤーを多重化する。

「新上知令」の提案

個人の所有地の一部を、21年間定期借地として行政に賃貸する義務を与える。現状の建蔽率を維持できる範囲で住民が行政に土地を貸す。個人の建築面積は保持しつつ、町の中に公共の場が広がっていくようなかたちを目指す。行政やNPOなどの援助を受けつつ、住民が主体的に空間をつくり出すことで公共の場を再編する。

下鴨地区における21年構想

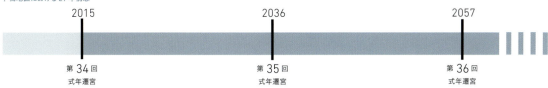

2015　第34回式年遷宮
2036　第35回式年遷宮
2057　第36回式年遷宮

1
地域コミュニティの縁結びの場、また式年遷宮の費用捻出する場を神社が開発する。空家・空地が発生する土地周辺は資産価値が低い傾向があり、福祉サービスの需要が高いと推測する。

2
研修室・倉庫・社宅などの諸施設に、福祉サービスが利用できる機能を導入する。定期借地制度を限度の40%を利用し、町に公開する機能を併設する。そこで人が集まるきっかけを与える。

3
神社の開発によって生まれた土地に対して、周辺の土地では良好な生活環境を築くために住民が自ら考え、アクションを起こす。この行為は、住居の建て替えに伴い、隣に連鎖していく。

4
周辺敷地と一体となり再編された土地は、地価が向上し、土地の需要度が発生する。その後民間の力も加わり、自然発生的に新しい公共の場が形成されていく。

新上知令：ルール１

▶▶ 用途地域ごとに賃貸可能な土地の比率を設定する。用途地域ごとに制限を設けることで、現状の建築可能面積を確保する。制限に幅をもたせることで、場所ごとに異なる空間を生み出す。

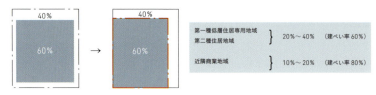

従来の建築可能面積　　建て替え時に賃貸可能な土地を設ける

新上知令：ルール２

▶▶ 賃貸する所有地は既存の道路境界線または隣地境界線に２辺以上接していなければならない。帯状の土地を賃貸することによって、街区に公共の場が入り込むコミュニティ道路を形成する。

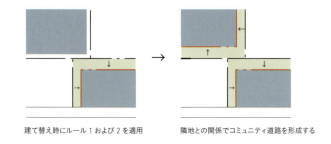

建て替え時にルール１および２を適用　　隣地との関係でコミュニティ道路を形成する

新上知令：ルール３

▶▶ コミュニティ道路が幅員2.7m以上の場合は建築基準法上の道路とみなし、以下a〜cの条件を設ける。

a. 幅員2.7m〜4mの場合は二項道路とみなし、既存不適格の敷地でも建築可能とする。

b. 公益性の高い建造物であれば、行政による審査の後に、建蔽率に関わらず設置することができる。（道路法第32条「道路の専有の許可」に基づく）

c. 隣接する建築物に道路斜線制限を設ける。（ただしコミュニティ道路上の公共物はのぞく）

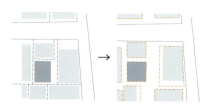

a. 未接道宅地の問題を解消することで、不動産価値を上げる。

b. 住民による公共空間への物的介入を容認することで、主体的かつ多様な公共の場をつくる。

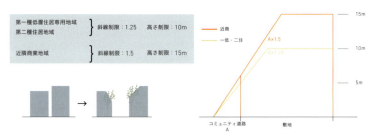

c. 斜線制限を設けることで、コミュニティ道路を明るく視線の通る空間とする。

新上知令：ルール４

▶▶ 社家景観再生区域を設定する。斜線制限・高度制限を特別に指定し、緑地率も高く設定する。

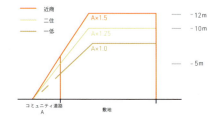

計画

つながりを生む道をつくる

町内会

▶▶ 現代の住宅は戸外に閉じる傾向があり、外に出る機会を減らす要因となっている。そこで建蔽率による余剰の土地を活用し、良好な周辺環境を築くことで、内部の居住空間を外側に開く。将来、コミュニティ道路には住民同士が関わる空間が形成され、町内会の活動が街区全体に広がる。

この操作により、街区の中の道路を中心として面状にコミュニティが広がり、セミプライベート空間を創出することができる。

子どもたちが勉強する自習室が道に飛び出すなど居住空間化が外に開く

コミュニティ道路 平面図　1:200

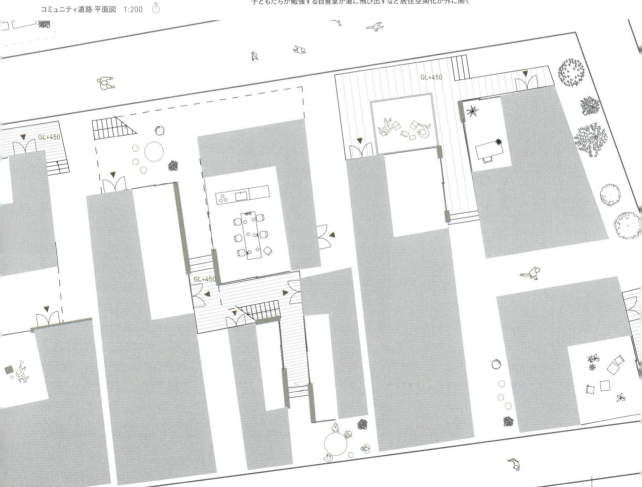

神社 平面図 1:200

神社

▶▶ 糺の森が町へと開くために、社家エリアに高さ制限、斜線制限を厳しく設定する。また、社家エリアでは積極的に緑地率の向上などの開発を推進する。かつて存在した神社と社家町の連続性が再生されることで、森・神社・下鴨地域には多様性が生まれるだろう。そして、地域全体に神社の要素が飛び出し、景観を形成することで、神社の気配を感じる社家エリアを創出することができる。

町の隙間から糺の森への視線が抜ける

小学校

▶▶ 主要となる通学路は交通量が多い。子供の安全を確保するためには、地域の大人たちが道に滞在し見守ることが必要である。そのような溜まりを住宅の軒や庇などで形成する。また、子供の行動の軸が車道側から住宅側に寄ることで、事故の危険性を低減させることも可能となる。そして、この通学路を通る子供たちを中心に時間軸によって線上にコミュニティが形成することで、セミパブリック空間の創出することができる。

通学路 平面図 1:200

道路上に広がるたまりは子どもたちを見守る場となる

REVIEW

PRESENTATION 04

重奏する都市

京都工芸繊維大学　阪田弘一研究室

JURY

大野　この提案が下鴨神社の社家町でなくてはならない理由がわかりません。「風が吹けば桶屋が儲かる」みたいに、関係のないことを関係づけているようにも見えますが。

嘉名　一般的な地域コミュニティの分析をもって、下鴨神社のコミュニティを語ろうとするのが乱暴かなと思いました。京都のコミュニティというのは、ほかとかなり違うわけですから。一方で、「コミュニティ」という言葉を使いつつも、抽象的な領域でとどまっている感じがしていて、大野先生から出た質問もそういうことからだと思います。それから、空き家という話もありましたけど、この地域は人気のエリアなので、ほかの地域と同じように空き家が増加するとは思えません。少し一般化しすぎた感じがしました。

POSTER SESSION

学生　「公共の再編」というテーマで、なぜ下鴨地区周辺の住宅地に注目したのかというと、この地域の住宅地と神社の関係性の成り立ちに理由があります。江戸時代に発布された上知令によって神社と地域のコミュニティが少なくなったこと、同時に、現在まで続く高級住宅地として形成されたことから、神社という公共的な空間を考えるために住宅地に関する提案を中心に行ったということです。

八木　この提案の根底にあるのは、下鴨神社で21年に一度の式年遷宮のときにお金がないから定期借地でマンションをつくったという出来事で、これはそれの拡大版ということですよね。その辺のロジックが見えないまま、細かな話になっているからわかりにくくなっている。場所の選び方は良かったが、提案の落とし所がよくわからない。

大野　ここで、事業をするとその収益は下鴨神社に入るんですか？

学生　はい、下鴨神社は南端の土地を定期借地とし、マンション開発者に貸し出しています。これについては私たちは肯定的に捉えていて、初期段階で神社所有の土地を開発し、周辺地域でも同じ手法を用いて開発につなげることを目指しています。

阪田　指導教員として少し補足すると、この提案は複数のレイヤーからなっています。今、彼が示した3つの土地は下鴨神社がもっています。その他の部分では、定期借地を民間などに委託して、代わりのお金を頂くということを想定しています。また、ほかの住宅地に関しては住宅地の地主自身が定期借地を行政に行って、その代わりの定期借地料は低額ですけれども、多少入っていくるというように考えています。それによって町内の境界線上の空間が公益上有利な形で展開がなされていくという提案です。

大野　これは、公金を使って借り上げるわけですよね。それは、ここに住む人たちには関係があるけれども、京都市民には関係ない話ですよね。そうすると、公金は出せないんじゃないですかね？ ここに住む人たちが、敷地境界上の空間が勿体ないから、という共同事業をやればいい話だと思います。

朽木　それは公共をめぐるこれまでの議論で、みんながずっと考えていたところですよね。パブリックというよりはコミュニティとかコモンの話ですから。

八木　確かにそうだと思いますが、現実に建て替えの問題というのもあって、それに対しての建設方法とかも明確に提示してもらえるとよりよかったと思います。

KAS REVIEW

魚谷繁礼（京都建築専門学校 非常勤講師）

最近、式年遷宮にかかる費用を捻出するために境内にマンションを建てる計画により賛否両論を巻き起こした下鴨神社の周辺地域が対象地であり、サブタイトルは「式年遷宮と共に歩む」である。公共という曖昧な概念を独自にあらためて定義しなおしたうえで、対象地域における公共の現況を調査分析し、その問題点を解決するような提案を行い、それによりできるであろうまちのイメージと、そこに建つ建築のプランを示しているという一連の取り組みのプロセスを評価したい。問題解決を人口増や地域活性に帰結させていない点と、コミュニティの単位を単一なものに限定せずに、町内会、学区、神社と重層的に設定している点も素晴らしい。また民間の神社が社有地を行政に賃貸することで、神社は賃貸収入を得て、地域住民は行政から与えられたスペースに自ら公共の場をつくるという仕組みに、現代的な新しい公共のあり方が見いだせる。一方で、コミュニティ道路の開削によりなぜ住宅が外部に開かれるのか？（むしろより閉じるのではないか？）、なぜ小学校の通学路は既存の道路のままなのか？（コミュニティ道路を通学路にあてればいいのではないか？）、といった疑問も感じる。そして「式年遷宮と共に歩む」というテーマを掲げ、式年遷宮の周期と住宅の建て替え周期との共通性を指摘し、定期借地制度の契約期間を式年遷宮の周期と同一の21年としつつも、示されている変化は周期的変化ではなく経年的変化であり、式年遷宮の周期が、描かれている将来の街のイメージに反映されていない点がとてももったいなく感じる。

SUPERVISOR REVIEW

阪田弘一（京都工芸繊維大学 准教授）

西洋的概念である、プライベートの対立・相補的な存在であるパブリックのための場。公園を代表として、日本では根づかない、成立しないという議論は多くなされてきた。であれば、古来より自然信仰としての神道を背景に地域の生活や文化を支える場としての役割を果たしてきた神社を素材とすれば、わが国ならではの公共の場として再生できるのではという発意だった。

　読み違いは、下賀茂神社の手のつけられなさ加減だった。檀家的存在をもてない神社の経営体制、政教分離により公的支援を受けられない立場、式年遷宮にかかる膨大な経費、社家町の消滅・周辺住民との関係の希薄化、世界遺産登録による現状維持の原則、景観的価値の大衆化……。神社維持のための苦渋の選択が、敷地の一部に社家をモチーフとした定借マンションを建てることだった。それを簡単に批判したり、乗り越えたりなどできない。逡巡の末、神社そのものでなく周辺地域に介入することで間接的に神社の維持と公共性の活性化を図る方針にシフトした。

　審査会では、パブリックではなくコモンに提案が留まっているという批評を得たが、神社を住民のコモン的空間として認知してもらえるよう地域を再編成したことは間違いない。提案では触れなかったが、これからの公共の場は誰にでも開かれる無色透明なものでなく、利害を共有し得る人々に開かれ育てられるコモン的な性質を帯びたものが良いのでは。そして、異なる利害を共有する数多くのコモンが少しずつ重なり、人々は複数のコモンに関わることで、広がりをもった公共の場が成立する。そう考えていた。もしそうならコモンを構想することにおいて私の期待以上の作品を生み出した学生らは希望である。

PRESENTATION 05

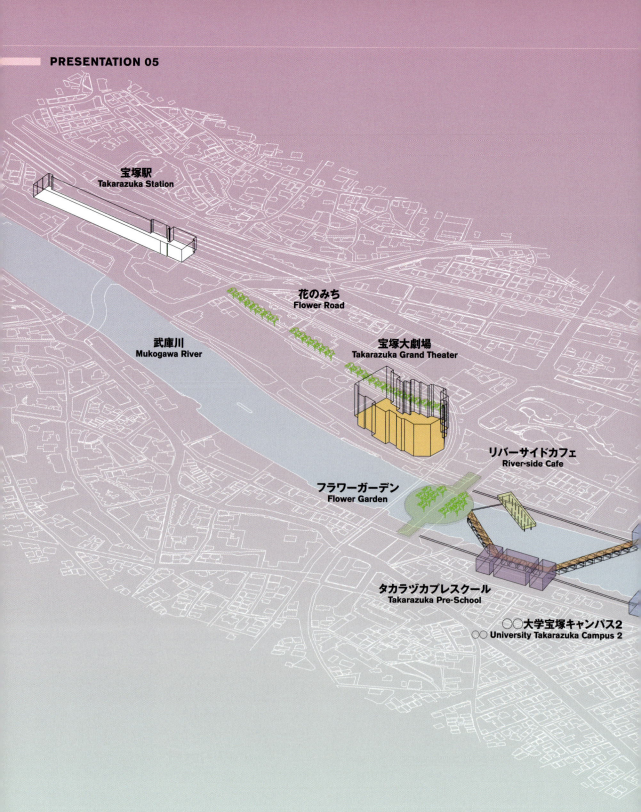

タカラヅカ・リヴァイヴァル
これまでも、これからも、"宝塚らしさ"を

関西学院大学　八木康夫研究室

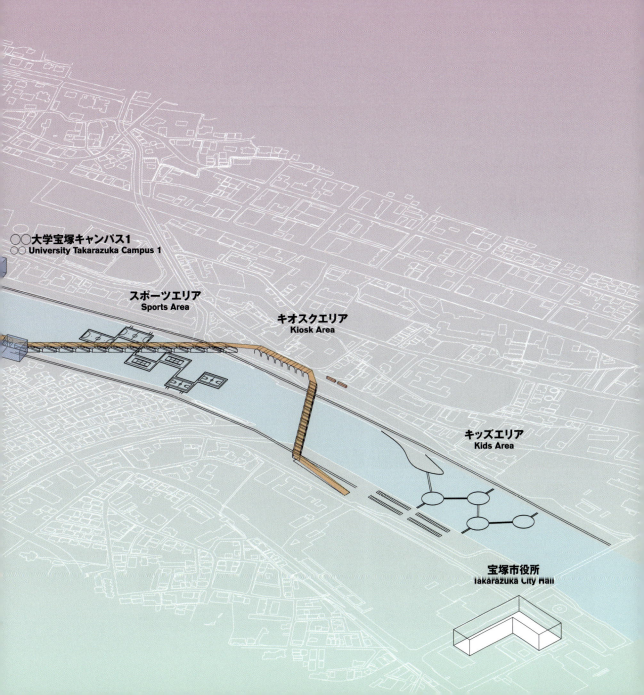

敷地分析 過激化する地方高層住宅都市

▶▶ 計画の対象地域となる兵庫県宝塚は2014年に、宝塚歌劇100周年、市制60周年、手塚治虫記念館20周年のトリプル周年という節目を迎えた。なかでも宝塚大劇場や音楽学校を有する宝塚歌劇団は、阪急阪神東宝グループの創始者・小林一三が手がけ、現在では年間の公演数約1,300回、観客動員数約250万人までに成長した。宝塚市は「歌劇の街」として広く知られている。

地理を見てみると、兵庫県南東部に位置しており、西は六甲山系、北は長尾山系に囲まれている。市域は南北に細長く、住宅地が広がる南部市街地と、豊かな自然に囲まれた北部田園地域からなり、市の中心部を武庫川が流れている。阪神間の住宅都市である。1995年1月17日に発生した阪神・淡路大震災では、阪急宝塚駅近くなどでは震度7を記録し118名の犠牲と全半壊家屋約1万3千棟と甚大な被害を受けた。現在は武庫川沿いを中心に多くのマンションが建設され、ますます住宅都市としての性格が色濃くなった。大きな観光ストックがあるにも関わらず、観光都市としての整備は十分になされていない。

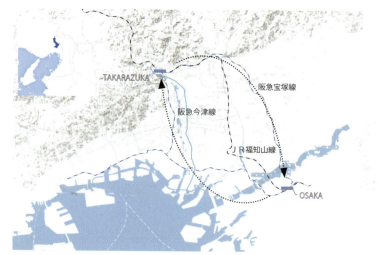

兵庫県宝塚市と大阪の位置関係

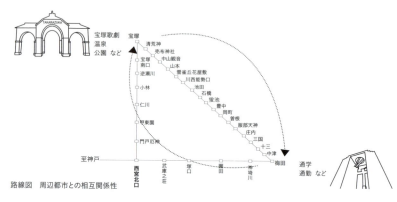

路線図　周辺都市との相互関係性

1. 宝来橋から宝塚大劇場を望む。
2. 宝塚大橋から下流を望む。川などの眺めの良い場所にマンション群を計画し、居住の場を増やす傾向にある。
3. 宝塚大劇場。年間約100万人もの来場者を誇る宝塚のシンボル。阪急電鉄の都市開発計画において、小林一三により計画された。
4. 花のみち。宝塚大劇場へ向かう動線として整備された都市公園だが、通り抜けた先の大きな道路で空間が分断されており連続性がない。

人口データと歴史

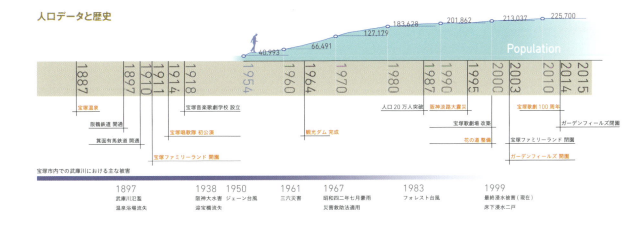

宝塚市の観光目的

公共的な施設の分布

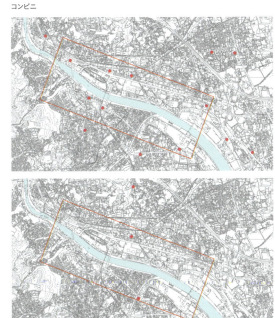

コンビニ

神社仏閣

温泉

その他公共施設

公共再編のコンセプト　分断線を接合線に転換する

▶▶ 宝塚市の中心を流れる武庫川を支点に都市を捉える。川沿いは、堤防跡を利用した、阪急電鉄宝塚駅と宝塚大劇場を結ぶ「花のみち」があり、河川敷は運動や散歩ができるように整備されている。しかし、川辺を活用した親水空間や、川幅の広い武庫川の両岸をつなぐような計画はなく、武庫川はただ街を分断して流れているだけである。まだ上手く使われていない武庫川というポテンシャルの活用を再編計画の中心とする。

また、公共性が高く、かつ、これまでの宝塚市の地域固有の空間デザインを持続させることのできる担い手を以下のように設定する。

1. 宝塚歌劇を観覧する人々
2. 歌劇団を目指す次代のスター
3. 新たに大学キャンパスを誘致し、そこで学ぶ大学生
4. スポーツをする人や川辺を利用する人

これらの人々が、さまざまな場面で豊かなアクティビティを創出する空間を作り出すこと。「民」が主体となり、「公」を担うということを再編のコンセプトとした。

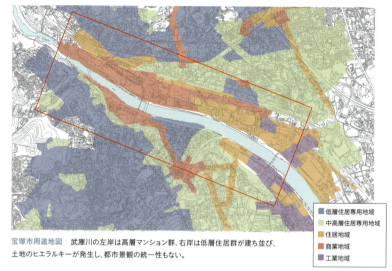

宝塚市用途地図　武庫川の左岸は高層マンション群、右岸は低層住居群が建ち並び、土地のヒエラルキーが発生し、都市景観の統一性もない。

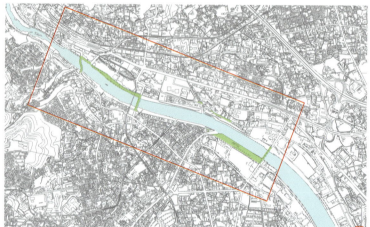

武庫川スポット　武庫川周辺に住宅や商業地域が密集しているため、今回の提案敷地において、武庫川を広々と見渡すことのできるスポットが少ない。

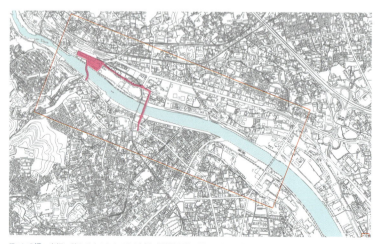

ファンの道　宝塚へ訪れる人のなかでも、歌劇の鑑賞を目的に訪れる人が数多く存在する。しかし、宝塚歌劇ファンの行動範囲は限られており、市民と交流する機会もほとんどない。

計画 アーチ橋で街をつなぐ、景色をつくる

▶▶ 宝塚市の中心部を流れている武庫川の両岸をつなぐ装置としてプロムナード（橋）を架け、新たな「川の上の道」を通すことが本計画の中心である。この新たなる道はJR線と阪急線の2線が交差する「宝塚駅」を起点に、宝塚市役所がある末広橋のエリアまで続く。現状は武庫川北側沿いには高層マンションが立ち並ぶが、川沿いという景観上の優位性から今後は南側にも高層マンションが立ち並ぶのは時間の問題である。このような事態を避け川景色を一部の人だけのものにしないためにも、川の周辺に公共の場をつくり出し、にぎわいの創出を計画する。

建築提案としては、鉄道駅から川に向かって歩き始めるとまず四季の花が咲く「フラワーガーデン」が広がり、そこから両岸をつなぐプロムナードに続く構成とした。その結節点には、川の上の「カフェレストラン」、「タカラヅカプレスクール」、「○○大学宝塚キャンパス（これから新規に誘致を予定）」が配置される。さらに東に進むと、川の上のスポーツエリアやキッズエリアとしての親水広場が展開される。これら施設は多くの人々が川景色を楽しむことができるデバイスとして機能する。

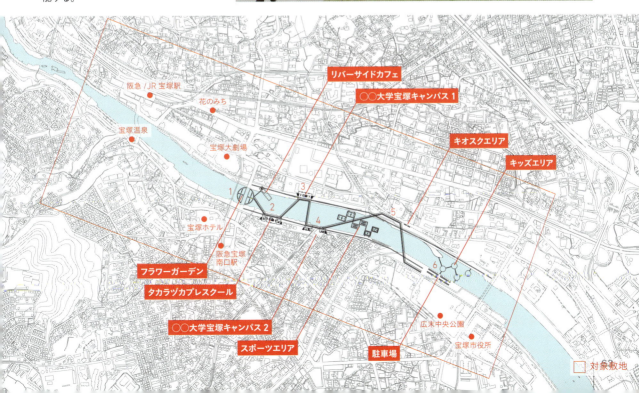

1. フラワーガーデンとリバーサイドカフェ

さまざまな植栽や西洋風フォリーがほどこされたガーデンブリッジとなっており、大劇場を望むことのできる絶景スポットであるにも関わらず人々の溜まりの場にはなっていない。

→ **市民と観光客の溜まりの場**
宝塚大橋に円形の人工地盤を設置する。その空間を活かし、人々の新たな溜まりの場を創出する。このスポットが、武庫川の河川上のプロムナードの始まり地点として機能する。

2. タカラヅカプレスクール

第一種低層住居専用地域に指定されている右岸側には戸建住宅街が広がっている。しかし武庫川に隣接している道路でさえ「川」という親水空間を感じることはできない。

→ **次世代の宝塚スターと市民のための空間**
この場所が抱えていた川への視線の抜け道を建築的提案で解決することで、市民もこのタカラヅカプレスクールのカフェ空間などインフォーマルな空間を利用することができる。

3. ○○大学宝塚キャンパス 1

商業地域に指定されている左岸では近年マンション開発が進んでいる。そのような地域の中に建つ戸建住宅群は都市の余白として捉えることができる。

→ **マンション群に大学キャンパスを配置する**
ここでは通常の大学キャンパスに見られるフォーマルな学びの場をのみでなく、インフォーマルなテラス、カフェ空間を計画する。ここでは学生と市民が交流し、街の活性化の端緒となる。

4. ○○大学宝塚キャンパス 2

宝塚は武庫川に向かって多数の小川や水路が流れ込む。しかしそれらが各居住空間を分断しており、武庫川との結節点も景観的に整備されているところは少ない。

→ **水路をまたぐブリッジ型建築**
水路によって空間が分断されたこの場所はキャンパスとして整備する。大学に関するほかの建築提案と比べて、フォーマルな学びの場の面積をより大きくすることで、現状の静けさを保ちながら河川敷をオープンな場へと再編していく。

5. キオスクエリア

左岸の商業地域を下って行くと第一種住居地域が広がり、川に対して開かれた美しい景観が広がる。しかし遊歩道が堤防上に整備されているだけでこの場所を通過する人々は少ない。

→ **カジュアルにショッピング**
この堤防上にプロムナードを敷くことで、ウォーキングやサイクリングを日常的に楽しむ人が増えることを図る。キオスクはコンビニ的機能を担うことで、さまざまな利用者のヒエラルキーをなくした空間となっている。

6. スポーツ・キッズエリア

広末中央公園に隣接したこの場所には市民のための親水広場が整備されている。現状の空間はやや殺風景で、日常的に人々がここを利用するためには、何らかの仕掛けが求められる。

→ **これまでのアクティビティをこれからも**
元々あるテニスコートに加え、バスケットボールとフットサルのコートを追加し、川の中に計画する。広末中央公園と宝塚中学校の間にはアイランド形式で広場を配し、キッズエリアとして再編する。

関西学院大学 八木康夫研究室

プロムナード（橋）の計画、公共の場の再編

▶▶ 河川上及び川沿いプロムナードの計画は、宝塚駅から宝塚市役所にかけての川沿い、河川上を統一感のある遊歩道として全体的に整備し、市民と観光客が風景を楽しみながら散策できる場所を創出する。人の流れがプロムナードからアクセスし、街へ広がる。歩行者専用と自転車専用に二分化したプロムナードは、既存道路網をプロムナードネットワークと一体的に整備し、市民や観光客が散策を楽しめる歩行者空間を創出する。また、両岸をつなぐ新たなインフラを計画し、殺風景な川辺をアップデートさせる。構造は石造のアーチ構造とすることで川の氾濫にも耐えうるものとした。

河川上のプロムナードは、ガーデニング、教育施設、スポーツ施設は賑わいを創出する装置として機能する。公共施設のファサードは透明性の高いデザインとすることとし、街全体の親水性を高める。

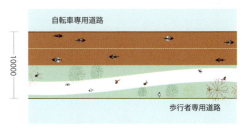

河川上プロムナード（橋）の平面計画

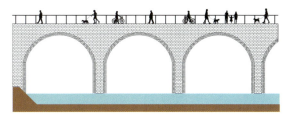

河川上プロムナード（橋）の立面計画

各平面ダイアグラム

▶▶ 3つの教育施設は一般的な公共の施設とは異なり、建築の中核部分をプロムナードとその上部に広がるヴォイドによって成り立っている。各上層階には従来的な教育空間や作業の場など、フォーマルな学びの場が入る閉じられた区画があり、これらがインフォーマルな学びの場として設置されたテラス空間に対して開かれている。プロムナードの利用者は単なる「通行人」ではなく、宝塚歌劇団を目指す次世代のスターや大学生が勉学に励む様子を美しい自然空間とともに感じることができる。

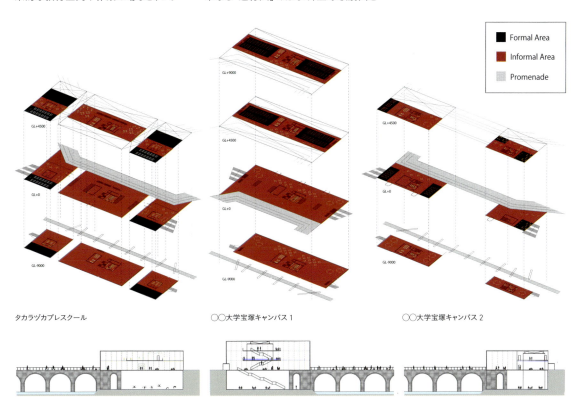

REVIEW

PRESENTATION 05

タカラヅカ・リヴァイヴァル
関西学院大学　八木康夫研究室

JURY

嘉名　川をもっと有効に使おうという考え方は、宝塚という街の活性化のなかでもいい考え方かなと思いますが、提案自体がわかりやすすぎるように感じました。これができることで、宝塚の街全体がどう変化するのかとかということがあまり語られていなかったと思います。川が吸引力をもって、周囲が衰退してしまったら意味がないわけですよね。

学生　宝塚には、歌劇場や温泉施設など、集客施設はあるのですが、それらは点で存在しているだけです。そうした、点に向かう来訪者と市民が交わる動線をつくることでにぎわいを融合させ、広がりと回遊性と連続性をもたせたいというのが狙いです。

嘉名　そういった狙いに対して、こういう装置をはめたときに周辺が変化するというストーリーが欲しかったんですよね。

大野　これは1990年代以前の計画だよね。まず、こんなに公共事業をやったら街が破産しちゃう。それにこんなにつくると川の機能が低下して氾濫が起こりやすくなる。そもそも、橋をそんなにつくったって面白くないですよ。だって、動線をつくるだけで街がにぎわうんだったらどこでもやっているわけで、そんなに単純なものではないよね。もう少し、水辺全体の魅力を高めるようなソフトの提案があったんじゃないかな。

POSTER SESSION

学生　宝塚はスパニッシュ・ミッション・スタイルをモチーフにした建物や街路がいくつかあるのですが部分的な整備にとどまっています。これがもっと広がっていくといいなと考えて、こうした提案につながりました。写真を撮りたくなるようないい景観を新たにつくり出すということで、街が変わっていくんじゃないかと考えています。

八木　こういった提案をつくるとき、新しいものをつくらなきゃいけないとか、新しいロジックを生まなきゃといけないと考えるものです。でも、地方都市を創生するときには、そこにあるものを発見することがじつは重要なんじゃないか、という考えから始まっています。そういう考えで見てみると、武庫川によって街は真ん中で分断されていて、古くは宝塚歌劇団という100年続くものがある。こういった、すでにあるものを使っていきながら、再編していこうというのが根っこにあるんですよ。最終的には、大土木の話になってしまいましたけど、最初はもっと川面に何かを浮かべるような設計から入っていました。中間講評で先生方からいろいろ言われて、大きく逆側に振っちゃったんですね。

大野　分断という言葉をすごくネガティブに聞こえますけれど、左岸と右岸の性格が違うから魅力的な街というのはいっぱいあるんですよね。つなげて両岸を平準化することでよくなるとは限りません。むしろ両岸の特性を育てて、あっちにも行ってみたい、こっちにも行ってみたいという都市にするのも一つの手だと思うんですよ。

嘉名　理念がそのまま形になってしまっていて、「つなぎたい」という気持ちはあっていいんだけど、そうするのが橋ではないんじゃないかな？

朽木　これはダイアグラムにしておいて、それを基にもう少し具体的な設計ができればよかったんでしょうね。どういったつなぎ方があるのか、幅はどうするのか、高さを変えてもっと水に近づけられるのではないかとか、いろいろ考えられたと思います。

KAS REVIEW
阿部大輔（龍谷大学 准教授）

川のある都市は、その魅力の多くを水辺空間に負っている。一方、川は氾濫の歴史を含め、その都市の記憶を受け継ぐ容器でもあり続けてきた。川の存在を都市構造の中に戦略的に位置づけることは、都市のポテンシャルを大きく左右する。その意味で、宝塚の都市問題の解決や将来像の構築に向けて、武庫川こそが再生の起爆剤となるべきだ、という本提案の立ち位置は正当である。

一方、本来は都市内に点在していて良いさまざまな施設が、川沿いに大挙して立地していく本提案は、水辺空間至上主義でもある。ひとつの都市像としては、あり得るのだろうと思う。ただ、川沿いの土地が旧来型のゾーニングで色塗られ、それに沿いながら多様なレクリエーション機能が川辺および橋の上に埋め込まれるという構想は、やや古風で過剰な賑わい創出至上主義のようにも思える。川は市街地を分断する厄介な存在かもしれないが、だからこそ川なのであって、むやみに橋でつなげば良いというものでもない。つなぐべき場所の選定やつなぐことで生み出される価値のあり方に入念な考察と根拠が必要となる。また、河川上遊歩道の整備は、川沿いの空間を魅力的にすることを諦めてしまっているようにも見える。このあたり、「公共の場の再編」についての独自の考察が積極的に展開されていれば良かったのだが、そこが弱かった点は残念だった。

とはいえ、近年の水都大阪の取り組みに顕著なように、水辺をかけがえのない地域資源として再評価し、人々がそれを享受できるようにさまざまな仕掛けを施していくことの政策的正当性は、疑う余地がない。宝塚と武庫川の関係性を問い直す、貴重なスタディであることは確かだ。

SUPERVISOR REVIEW
八木康夫（関西学院大学 教授）

今年度の関西学院大学総合政策学部都市政策学科建築士プログラム八木研究室で建築を学ぶ学生たち（3回生）は、キャンパスがある三田市に隣接する、「宝塚歌劇団」の本拠地がある宝塚市で「公共空間の再編」に取り組んだ。

まず都市構造を解読することを目的に宝塚市産業文化部の皆さんに市の現状のレクチャーを受けることからスタートした。結果、人口流出などわが国のどの地域にもある問題を多く抱えていることがわかった。その後丹念にフィールドサーベイを繰り返し行い、そこで収集し蓄積された情報のなかから、テーマに該当する問題の解決に必要なものを取り出し、互いに関連のあるものをつなぎ合わせ・統合することの手法として、KJ法を用いて問題の整理を行った。その整理から「公共空間」と「公共性の高い空間」の違いについて議論を重ね、「コンビニ・スーパー・ファーストフード・ファミリーレストラン・社寺仏閣」と居住空間であるマンションを地図上にプロットし、さらに武庫川を軸として発展してきた街であることから「川のみえるスポット」と「宝塚歌劇ファンの通り道」の検証を行った。その結果、今後も良好な眺めが担保される武庫川沿いにさらに高層マンションが建ち並び、今後の宝塚のランドマークは武庫川沿いのマンションの壁になるであろうと仮説を立てエスキスが始まった。空間提案として武庫川上に新たに橋上空間を設定し、その場が「官民共同」の新たな媒介エレメントとして宝塚らしさを創出しようとした。

PRESENTATION 06

都市のカンバス

近畿大学 松岡聡研究室

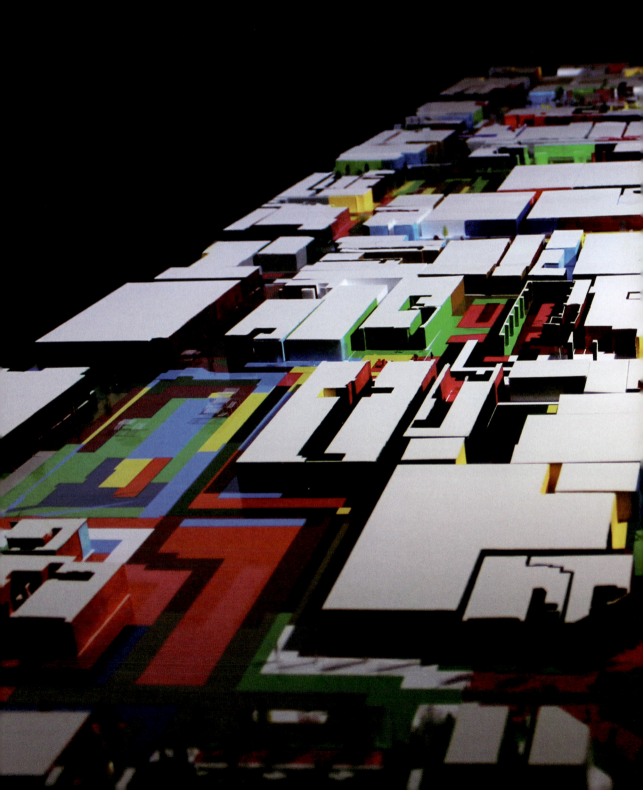

敷地分析 公共の質を規定する4つの指標

▶▶ 公共の再編を考える前に、まず公共とは何かという問から考える。この答えを得るために、まず、敷地とする大阪の中心地2箇所、梅田と中之島における公共空間のリサーチを行った。

調査と分析の往復により発見した、人々が場を占めるときの時間に関する4つの評価指標①「場を占める長さ（Duration）」、②「場を占める入れ替わりの回数（Frequency）」、③「場を占める周期（Periodicity）」、④「場を占める用途の固定性（Regularity）」と、それらを統合するノーテーションを用いて、公共空間の質を記述した。

Case1：待ち合いリサーチ

▶▶ 待ち合わせ場所として有名な梅田のビッグマン前でのリサーチ。ここでは場の独占が物理的に行われ、その場の占め方の時間的特徴を考えることで、人の身体的なスケールと公共について考える。

そのとき、3つの時間的指標、待ち時間（Duration）、ある場所が待ち合わせの場として使われる頻度（Frequency）、待ち合わせが繰り返される時間（Periodicity）の関係性を探る。なお、本リサーチは待ち合わせに限るため利用の多様性（Regularity）は含まない。

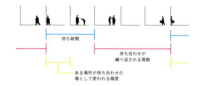

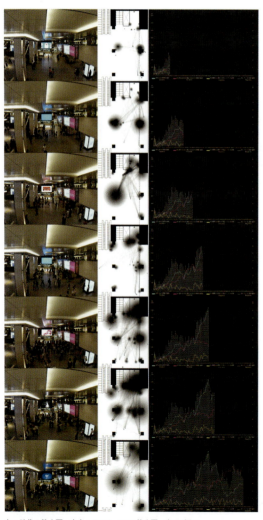

左：映像の静止画　中央：アニメーション静止画　右：グラフ
中央のアニメーションでは黒い丸は人を表し、グラデーションのかかった円は待ち時間によって大きくなっていて、線は人びとの意識をつないだようなイメージ。

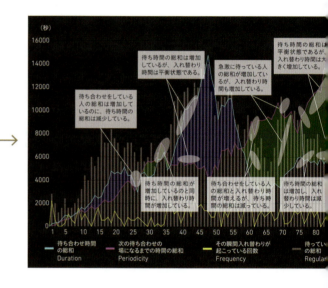

待ち合わせのリサーチから得られた特性

・大人数やグループがある一定の時間場を占めた場所から離れるか移動すると、他の人やグループの移動を誘発する。

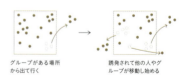

・長時間その場に留まっている人のところへ複数の人が瞬間または順に移動してきた場合、その人が他へ移動したくなるような圧力が働く。

・機能が複数ある場合、その機能にかかる時間の大きさによって場所を選ぶ。

Case2：イベントのリサーチ

▶▶ 定期的に多数のイベントが行われている中之島を選定した。都市の集団が場を独占する例として、都市で行われる催し、祭りなどのイベントの場に独占の時間的特徴を考えることで、都市の中では集団が場を占めて公共性が現われると考える。そこで、中之島の地形で、人がどれだけイベントを認識できるかをリサーチした。人がイベントを眺望でき、イベントを認識したと考えられる対岸のカフェ、橋、港からどの種類のイベントを見れるかをまとめた。下の表は、それぞれの場所から見えるイベントの数、種類を表している。

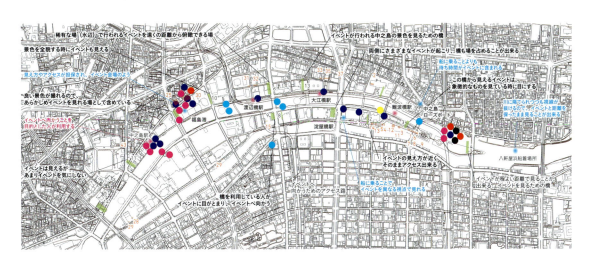

中之島のイベントのリサーチから得られた特性の一例

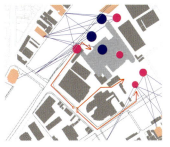

エリア 1「紺+マゼンタ」
紺とマゼンタ色のイベントが繰り返されるこの場所では、中之島全域に比べ単発的なイベントが不規則に起こるので、何かイベント、ハプニング、非日常が起こっていそうな、予想していない事が起こりそうだと感じ取ることができる。

エリア 2「白+シアン+紺」
イルミネーションなどの限定した時間、人に開き、場の占め方が強い紺色のイベントに対し、頻繁に白色、シアンのイベントが行われることで、その場所にさまざまな目的をもった人々が場を占められるようになる。

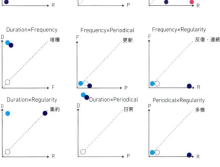

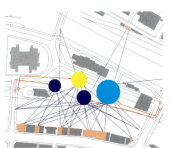

エリア 3「黄色+紺+シアン」
3 色ともに、場の占める時間が長く不定期にイベントが起こるが場の占め方がそれぞれ違うので、イベントという計画化されたものが偶然、旧に大勢の人が集まり突如消える現象のように捉えられる。そのような現象の蓄積により、いつイベントが起きても不思議ではないような場所を形成する。

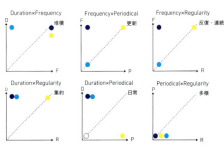

公共再編のコンセプト　場の質を可視化するノーテーション

▶▶ リサーチの結果より、「公共の場」とは、逆の概念である「私」が、ある条件下で自由に独占することのできる場、と定義した。つまり、公園はもちろん企業の経済活動として金銭的なやり取りのあるカフェやスーパー銭湯なども公共の場として考える。この提案は人々がある条件下で自由に場を占められるという行為の時間的な特徴を見ていくことで公共の質の違いを明らかにすることである。

分析より導いた4つの時間的指標、

①場を占める長さ
　Duration
②場を占める入れ替わりの回数
　Frequency
③場を占める周期
　Periodicity
④場を占める用途の固定性
　Regularity

によって場所の特性を出力する。さらに、この時間的指標（DFPR指標）を、色の4原色CMYKに置き換えることで公共空間の質を色彩によって記述することが可能になる。下図は、16種類の公共空間を「私」が占める時間的な特徴によって記述したものである。

私たちは新たに公共の建築を建てるのではなく存在する建物や法規を調整することで、普段利用されていない場所でも公共の場を組み合わせることによって、そこが公共の場であると認識されることを「公共の再編」として提案する。以降ではその1つを紹介する。

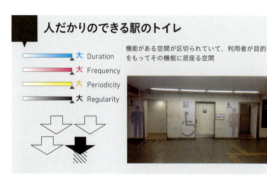

人だかりのできる駅のトイレ

機能がある空間が区切られていて、利用者が目的をもってその機能に居座る空間

- 大 Duration
- 大 Frequency
- 大 Periodicity
- 大 Regularity

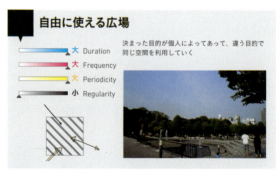

自由に使える広場

決まった目的が個人によってあって、違う目的で同じ空間を利用していく

- 大 Duration
- 大 Frequency
- 大 Periodicity
- 小 Regularity

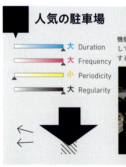 

人気の駐車場

機能がある空間ではあるが利用者がそこを目的としてくるわけではなく、異目的の付随として利用する

- 大 Duration
- 大 Frequency
- 小 Periodicity
- 大 Regularity

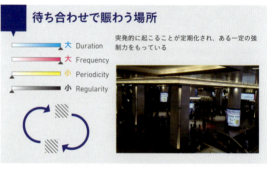

待ち合わせで賑わう場所

突発的に起こることが定期化され、ある一定の強制力をもっている

- 大 Duration
- 大 Frequency
- 小 Periodicity
- 小 Regularity

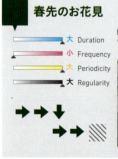 

春先のお花見

目的に期間が制限としてあるので、その土地にプラスの付加がかかり、その場に滞在し続ける

- 大 Duration
- 小 Frequency
- 大 Periodicity
- 大 Regularity

地域に根付くだんじり祭り

1つの強い期間の制限がある目的にひきよせられる

- 大 Duration
- 小 Frequency
- 大 Periodicity
- 小 Regularity

美術館の展示空間

- 大 Duration
- 小 Frequency
- 小 Periodicity
- 大 Regularity

決められた導線の上に偶然目にとまり、そして立ち止まる

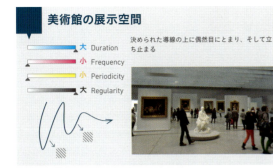

地域にひらかれた文化祭

- 大 Duration
- 小 Frequency
- 小 Periodicity
- 小 Regularity

目的を1つもって向かい、訪れた後にその中にいくつかの目的が広がる

信号待ちの人々

- 小 Duration
- 大 Frequency
- 大 Periodicity
- 大 Regularity

一瞬に突発的にできる群が次の瞬間次の目的へと消えていく

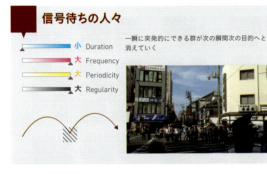

夏の夜を彩る花火大会

- 小 Duration
- 大 Frequency
- 大 Periodicity
- 小 Regularity

ある瞬間のために人が集まる空間

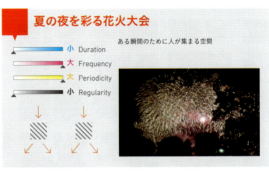

通りすがりの路上ライブ

- 小 Duration
- 大 Frequency
- 小 Periodicity
- 大 Regularity

決められていない導線上で偶然目にとまり、立ち止まる

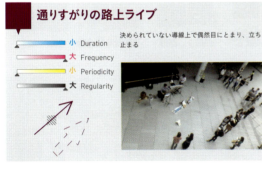

目的地付近の改札口

- 小 Duration
- 大 Frequency
- 小 Periodicity
- 小 Regularity

目的のために異目的にその場を使い、ただその目的とは別の目的のために利用する

さびれた神社の初詣

- 小 Duration
- 小 Frequency
- 大 Periodicity
- 大 Regularity

ある特定の人たちが1つの目的のために定期的に訪れる場

無駄に広い駅前広場

- 小 Duration
- 小 Frequency
- 大 Periodicity
- 小 Regularity

ある目的の途中にあり、特定の人たちにだけ活用される場

雨宿りの軒下

- 小 Duration
- 小 Frequency
- 小 Periodicity
- 大 Regularity

実際に進む道がある規制によって違う場となり、一時的に使う

薄暗い細道

- 小 Duration
- 小 Frequency
- 小 Periodicity
- 小 Regularity

選択肢があるが、強いて利用はせず、特定の人しか利用しない

計画 カラフルな都市を構築する

Case Study: 本町 大通り

▶▶ 対象地区は大阪市本町。本町は南北軸に御堂筋、東西軸に複数の通りで構成されており、路上駐車スペースや歩道が広く、路上での移動販売も頻繁で、通り上に多くの公共空間が見られる。道、公園、空き地、駐車場を公共の場の候補地（敷地図上、白色部分。黒色はそれ以外の空間）とした。ここに、CMYKカラーモデルを用い、公共空間を計画した。道路によって区切られた条里グリッドの一つひとつに、公共の色をタイリングしている。建物の外形線から、異なる公共の場を帯状にオフセットし、中之島のリサーチから得られた16種の公共空間の重なりの特性に基づき配列した。これらの公共空間はグリッドの公共空間の配列とイレギュラーな変化をもたらす磁場として働く。

敷地図

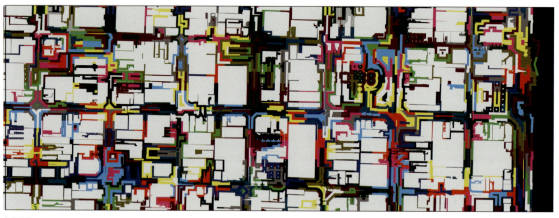

全体計画

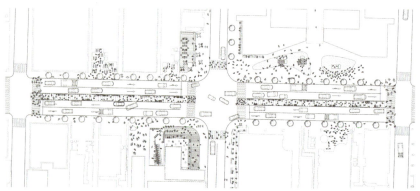

本町大通：都市のロビー 平面図

敷地内でとくに人通りの多い東西方向の通りに、都市のロビー的空間を設計する。東西方向に対して、歩道空間を再配置し、対面する通りに誰もが場を占めることのできる公共の場に、非日常的な予想もしていない出来事が蓄積されることで、総体的に見て、待ち往く人々は何かが起きていると感じる。公共の場の組み合わせによって生まれた中心性のある場所に待ち合わせという現象が起こる。その場所は、不特定多数の人が場を占めることによって都市のロビー的空間だと認識され始める。本町という街を背景に組み合わせと再配置によって本町に浸透するような公共の場が生まれる。

［図版クレジット］
上のイメージは、以下の図版を用いて作成した。

1: sprklg, CC, Attribution 2.0 Generic / raneko "Shibuya Cossing", Attribution 2.0 Generic　　2: bk "World Class Traffic Jam", CC, Attribution-ShareAlike 2.0 Generic　　3: Umberto Rotundo "plastic malladra", CC, Attribution 2.0 Generic / Allen Skyy "Day 57: The View From The Office", CC, Attribution 2.0 Generic　　5: Jeff Kubina "18th Annual National Capital Barbecue Battle", CC, Attribution-ShareAlike 2.0 Generic
6: Marufish "SANY0058", CC, Attribution-ShareAlike 2.0 Generic / Dick Thomas Johnson "Meiji Shrine: Hatsumode", "Hachioji Fireworks Festival 2012", "Hanazono Shrine: Bird Day Fair 2012", CC, Attribution 2.0 Generic

REVIEW

PRESENTATION 06

都市のカンバス

近畿大学 松岡聡研究室

POSTER SESSION

大野　分析、記述はすごく面白いし、美しいとは思いました。でも計画というのは何かの理念を実現するためのものでしょう？ 実現したい理念がどういうものなのか明確に表現しなければいけない。さっきのプレゼンだと、事例をいくつか話しているだけだよね。分析というのは、現実の解釈の一つであって、仮説にすぎないわけですよ。計画というのは、現実の場所にものを置くということなのだから、もっと強い理念をもたなければいけない。一言で、何をするのか、したかったのかの説明をお願いします。

学生　ここで見た公共の場の占め方というものを、どういった色の組み合わせ、サイズ、位置関係で配色するのかということに取り組みたいと思っていました。

大野　それは、手法だよね。この色というのはとりあえず割り当てただけで、現実に都市がこの色で着色されるわけではない。じゃあ、こういう手法を使うことで、現実の公共空間にどんなインパクトを与えるのかというところを聞きたいんです。

学生　そもそもソリッドな建築というものを建てて、公共の場の再編ができるのかということに僕らは疑問があって……。

大野　勿論、わかっていますよ。こうしたツールを発見したわけでしょう。このツールの有効性を伝えるために、計画が目指したものが何かを言わなければならないんです。

嘉名　この提案は、公共の再編のためにものを設計することをやめた方がいいだろうという提案だと思うんですよ。彼らの重要なメッセージは、ビッグデータみたいなものを用いて、変わっていくものの情報を可視化し、追い続けていく。そういう都市の空間の捉え方を大事にしたらどうかということに尽きるのかなと。

松岡　この計画の理念は、この地域にあふれている公共空間を、私たちが行った時間による分類で見てみると、現状、せいぜい数種類の質の公共空間しかないのに対して、なるべく異なる公共空間がとなり合った状態をつくるというものです。ではさまざまな質の異なる公共を現実に定着するにはどうしたらよいのか。公園的な空間をつくるために芝生を敷けばいいのか、あるいは大屋根をかければいいのかというように、現実のデザインの話をもう少しすべきではないかと思っています。

大野　場を占める長さは事実であって、それをただ記述したものには価値観がないわけです。そこから、こういう街がいいんだと言わないと、現代都市は多様だということを、ただ言い換えただけになってしまう。計画にいくためには、価値観を介在させなくてはいけないでしょ。

松岡　大阪の中之島の調査から、異なる質をもった公共空間の相性がわかっていますから、それを踏まえた配色のデザインまでは提案しています。

朽木　つまりこの色の塗り方自体が、近畿大学チームの価値観の現れであると？

大野　どういうのがいいのかと言わないと。

朽木　そのへんがこの提案の怪しさで、結局、絵柄がきれいだよねで終わってしまう。

松岡　公共には質があるということと、ここでは時間に関する4つの属性で分類することに限っていますが、どの質のものが隣り合っているとよいという価値観、さらにそれらの質の街全体への配置までは表現しています。

KAS REVIEW

池井 健（京都建築専門学校 非常勤講師）

例年通り、異色でトリッキーかつテーマに対して根源的なアプローチをしている提案で、その独特の手法だけでも十分評価に値するだろう。場を占める長さ、入れ替わりの回数、周期、規則性という4つの指標を用いてそれぞれにCMYKの色を与えることで公共の場を塗りわけたり、それらの指標を用いて待ち合わせの場の変化をグラフとして読み取ったりするなど、公共空間の質の違いを時間という切り口からビジュアル化していくプロセスは明快で直感的にも理解しやすく見ていて面白い。

しかし、現象から何らかの要素を抽出して分析する際には、本来その分析を行う目的が先にあるもので、どのような要素を抽出するかといった具体的な部分はその目的に即して決められるべきである。さらに、京都建築スクールにおいてはその分析によって得られた知見を用いて40年後の都市のあり方とそれを実現する方法を提案するところまでが求められている。

その点において近畿大学の提案は、なぜその4つの指標でなければならないのか（分析の目的は何か）、その分析によってどのようなことがわかったのか（単純な現象の整理ではなく何らかの因果関係やそれにもとづく将来予測、全く新しい発見など）、その知見に基づいて40年後の都市をどう考えるのか、という全体をつなぐ最も重要な部分がいまひとつ理解できなかった。あるいは、そうした当たり前のやり方そのものに異を唱えているようにすら感じた。

いずれにしても、これで完成という目指すべき都市のかたちがよく見えない提案であり、もしかしたらそれは逆説的に都市を計画するということの本質と結びついているのかもしれないと感じた。

SUPERVISOR REVIEW

松岡 聡（近畿大学 准教授）

海外を旅して、初めて訪れた広場の脇に立ったとき、よほどマイペースな学生であっても地元の人らしきおじさんたちの行為をながめて、そこで許容されうる行為の範囲を見定める。何にカメラを向けていいのか、座り込んでランチをとれるか、スケッチブックを開いてどれくらい居座れるか。その場で許される行為のディープさや占有できる時間を見計らいながら、知らぬ間に蓄積された公共の重みという長いものに巻かれるのだ。住み慣れた町でさえ、それぞれのパブリックスペースにおいて定形化された行為のパッケージとの調整を繰り返しながら、そこでの行儀の良さを判ずる。公共感覚〈common sense〉という概念だ。この感覚は私たちがパブリックスペースに感じる一種の安心感にもつながっている。公園で子供を遊ばせたり、電車の中で居眠りや人ごみを避けて急ぐ足取りにも、都市に住む経験からどこまでが許容され、どんな逸脱がまずいのかといった、それぞれのパブリックスペースに固有の〈common sense〉を、蓄積された履歴のなかから感じとる。

近畿大学チームは、個が場を占める時間的様態の4軸──持続性、頻度、多様性、周期によって、公共での行為を分類し、大阪の街にあふれる16種類の公共空間の質をあぶりだした。地域に開かれた文化祭、人気の駐車場、待ち合わせ場所、信号待ちの瞬間、薄暗い路地、雨宿りの軒下、だんじり祭り……。しかしこれらは恒久的、自律的にあるものではなく、隣接する私的空間や他の公共空間との関係性、その時間的変容によって相対的、確率的に存在する。〈common〉なるものを通して人々が日常的にぶつかり合い、調整し合う小さな公共の場の組合せをデザインすることで、パブリックスペース全体の質を捉えなおそうとする試みだといえる。

PRESENTATION 07

Public Seeds

京都大学 田路貴浩スタジオ

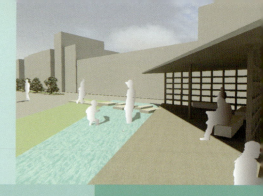

Kyoto Sta.

Kamo Riv.

Kujo-Dori Ave.

分析 公共の質とは

▶▶ 私たち京都大学チームは、まず公共空間として連想されるものを無作為に列挙していった。そして公共性に起因すると思われた「行動多様性」と「アクセシビリティ」を二軸にとり、列挙した地点をプロットしていった。公共性が高いということは「行動多様性」と「アクセシビリティ」の両方が高いと結論づけられる。よって、新たに行う計画には、両者の要素を的確に取り入れることにする。

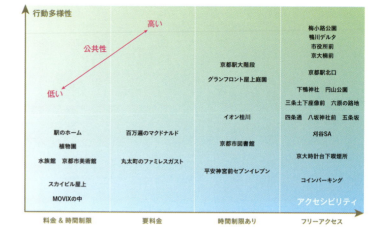

行動多様性とアクセシビリティから見た公共性の度合い

類型化例

京都市美術館
美術館の多くは出入口を1つだけ設けた「点的」な空間であり、閲覧者は館内を周回しながら美術品を「鑑賞」する。「壁」と「屋根」によって構成された内部には、この回遊性によって、実際の物理的大きさ以上に空間が広がる。

イオンモール
「屋根」と「壁」からなる均質な内部空間に、回遊のルートを加えた点では美術館とイオンモールは同じものである。美術館のアクセスが多方向になれば、その違いは順路に沿って置かれているものが美術品か商品かの違いでしかない。

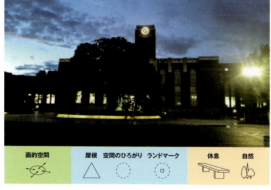

京大クスノキ前
学生が集い、活動が展開される象徴的な広場。それは「面的」で、「空間の広がり」や「ランドマーク」といった要素をもっているからである。くわえて「屋根」の要素、「自然」や「休息」の機能は広場を憩いのための場所にもなる。

京都駅大階段
コンコースからも商業施設からも「線的」にアクセス可能。市民に解放された「屋根」のある171段の階段は人が集い「休息」をとる。京都駅は景観への悪影響がしばしば議論されているが、「ランドマーク」であることは事実である。

公共再編の基本コンセプト　3つの公共の「種」

▶▶ 無作為に収集した公共空間（行動多様性と接近可能性の2つの相関関係より挙げられる空間）を分析したところ、ACCESS（接近）、FORM（形態）、FUNCTION（機能）の3要素で捉えることができた。そこで、これらを「種」としてCONTEXT（敷地の周辺環境や歴史）のうえに撒くことによって公共的な場所を生み育てることができ、「種」の組み合わせによってそのCONTEXTに適した公共性を与えることができると考えた。

これらを元に、京都市内の2つの地域、「六原地域」と「京都駅南」における公共の再編を考える。

類型化の概念図

FUNCTION
FORM
ACCESS
CONTEXT

ACCESS（接近）

点的空間
外からその空間に至ることのできる経路の数が1つである場合を指す。

線的空間
外からその空間に至ることのできる経路の数が2つである場合を指す。「点的空間」と異なり、空間内において人の流れを演出することが多い。

面的空間
外からその空間に至ることのできる経路の数が3つ以上である場合を指す。

FORM（形態）

屋根
屋根は降り注ぐ雨や強い日差しからわれわれを守ってくれる。公園の東屋や街にしばしば現れる軒下は、人に安心を提供する。

壁
壁は外敵からの攻撃を防いだり、周囲からの視線を遮るなど安全な空間を演出し、四方を囲めば適切な大きさの空間を定位する。

段差
程よい大きさの段差は椅子となり、人々は休息の場としての価値を見出す。さらに段差が連続すれば昇降可能な空間をつくる。

奥まり
街中から曖昧に離別した、狭い空間に場合によっては安心感を覚える。大都市において数少ないヒューマンスケールをもつ。

空間のひろがり
周囲の物理的制約から解放されると、レジャーやイベントなど普段はできないさまざまな活動が生み出される。

ランドマーク
大きな塔や看板など、その物体が観察者に強烈なイメージを感じる場所で、待ち合わせや写真撮影など、本来の機能とは異なった使われ方をされる。

回遊形状
一方通行ではなく、歩行者にとって本来以上の空間の広さを感じさせる。歩くことで移り変わる景観は見る者を楽しませる。

高所（眺望）
一方通行ではなく、歩行者にとって本来以上の空間の広さを感じさせる。歩くことで移り変わる景観は見る者を楽しませる。

FUNCTION（機能）

交通
複数あるいは異種の交通手段の接続が行われる場所。都市機能の誘導・集積を促進させる。
例：バス停、駅、タクシープール

鑑賞
周囲の環境が観察者の感性に働きかけ、思わず足を止めさせる潜在的価値をもつ場所。
例：橋、銅像、タワー

娯楽
余暇時間のなかで、身体的活動を行うことや心理的な刺激を受けることができる場所。
例：プール、遊具、シアター

休息
仕事や運動などをやめて、体を休めることができる場所。何かに寄りかかったり、座ったりすることができる。
例：ベンチ、木陰

参拝
宗教的な意味合いをもち、そこに行くことである種の神秘的なありがたみを感じることができる。
例：お寺、神社、教会

自然
本能的に人々の心に安らぎを与えてくれる場所。景観や季節変化の彩りは人々の心を豊かにする。
例：並木、川、緑地

店
商品やサービスを人々に提供する場所。人々は生産的な目的をもってその場所に赴くことが多い。
例：スーパー、コンビニ、カフェ

学習
数多くの参考文献が揃っていたり、落ち着いて問題に取り組める場所。多くの学生や高齢者などが集まる。
例：図書館、学習塾、学校

[Case 1: 六原地域] 六原遊歩 ──「壁」と「屋根」による道の再編

敷地分析　京都の現代的課題:通過交通と空き家

▶▶ 六原地域の都市構造には、次の3つの特徴がある。1.周辺に祇園や八坂、清水という観光地、ランドマークが存在している。2.鴨川や幅広な五条通と東大路通、塀に囲まれた建仁寺という強いエッジに囲まれている。3.大和大路通や松原通を利用する大量の通過交通。

地域全体の問題として次の2つを抽出した。1.通過交通の問題。タクシーの往来は地元住民の生活を脅かす大きな原因となっている。2.緑地がない。空き地や空き家が有効利用されておらず、防火上の問題も引き起こしている。

公共性のポテンシャルが高い場所として、3つのエリアを取り上げた。1.轆轤町。スーパーや学校、寺社などの主要施設に囲まれ、さまざまな人の動線が交錯する、六原地区の中心に位置する場所。2.柿町通。交通量に見合わない広い道は、新たなオープンスペースとなりうる。3.小島町。空き地空き家が多く、広いオープンスペースを形成しうる。

都市構造（Google Maps をもとに作成｜画像 ©2015 Cnes/Spot Image, Digital Earth Technology, DigitalGlobe）

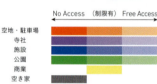

六原分析図

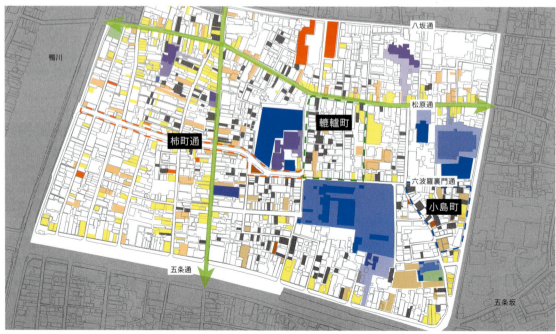

京都大学 田路貴浩スタジオ

| 公共再編のコンセプト | 地域の行動多様性を向上させる |

▶▶ 観光地に隣接する地域において、地域住民の生活を守り継いでいくと同時に、外との関わりによってそれを変化・適応させていくための装置として、「公共空間」を捉える。六原には「行動多様性」が高い場所が少ないため、外部からの関わりに対して柔軟に変化・適応しているとは言い難い。そこで今回は、「行動多様性」が一段階高い場所を六原に新たに設けることで、六原の公共空間にバリエーションを増やすことを目的とした。

また本提案では、今後六原全体のモビリティが徐々にコントロールされていくことを想定したうえで、左図のような敷地を選定した。車交通を遮断することで柿町通を六原のパブリックの軸として構築し、軸に隣接する轆轤町へ空間を派生させる。空き地や空き家を中心に公共的な空間が有機的に広がっていくような提案である。

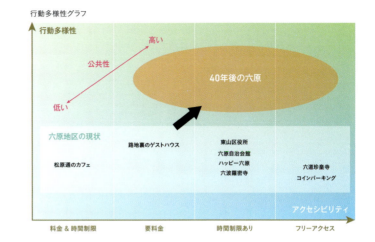

対象敷地

計画 車を制御し、街ににぎわいを染み込ませる

地域の中心地 轆轤町

▶▶ 六原の中心に位置する場所であるが、路地沿いを中心に虫食い状に広がる空き家・空き地が木造密集地の災害に対する脆さをさらに悪化させている。空き家・空き地を利用して屋根と壁を用い、「路地」の空間性を踏襲した通路性のある公共的な場所をつくる。生活の重層性を生み出すと同時に地域の防災性を向上させる。

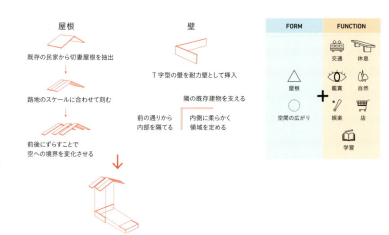

平面図 1:1000

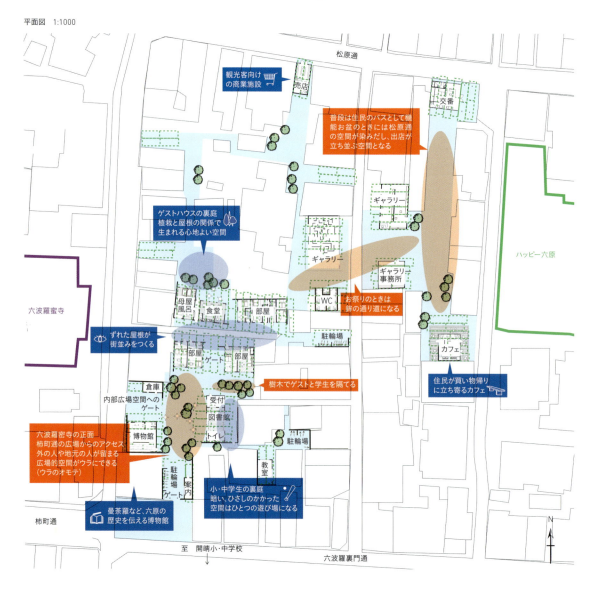

未計画の都市計画道路 柿町通

▶▶ 六原には珍しく幅員の広い道だが、それに見合うほどの車交通はない。住民のための豊かな歩道を整備し、車交通を止め、住民のための公共空間とする。

比較的同じ条件の空間が大きく広がるこの場所は多方向からの人のACCESSを可能とする。

立面図　1:500

立面図　1:500

平面図 1:4,000　Before

平面図 1:2,000　After

木造平屋密集地域 小島町

▶▶ 急傾斜地で、空き家が増えている。傾斜を利用したたまり場を設け、バス・タクシーの乗り入れ場所や住民の駐車場を計画。五条通沿いの観光バスの路上駐車や六原内の車交通を緩和する。

主に観光客の交通の切り替え場所となるこの地域は、乗り物に乗って来て観光地に出ていく観光客にとって、点的なACCESS空間となっているといえる。

上下動線（段差）の機能にそって屋根、壁による空間操作を行うことで段差、屋根、壁、高所の要素の混在した空間をつくり出す。

断面図　1:500

断面図　1:500

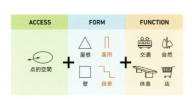

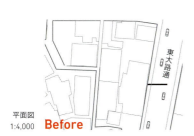

平面図 1:4,000　Before

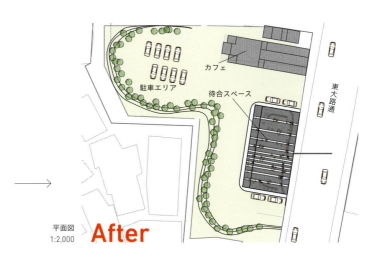

平面図 1:2,000　After

[Case 2: 京都駅南] Buffer × Public ——「未活用地」の可能性

敷地分析　未活用地：駐車場、廃校、公園予定地

▶▶ 京都駅の南側地域には、南北に油小路通や河原町通、東西には九条通といった非常に交通量の多い幹線道路がはしっている。そのため駅沿いや幹線道路沿いには地域外からの来街者を想定した商業施設が集中するエリアが形成されている。しかし、その裏側となる住宅地と有機的な関係性を持ち合わせていない。また、このエリアを調査したなかで特徴的な「未活用地」を分析すると3つに分けることができる。1.虫食い状に駐車場が点在し駅利用者のみが活用している。2.普段活用されることのない廃校となった小学校がある。3.公園予定地として放置された空き地が集中している（この地域は戦前から木造共同住宅が無秩序に密集する。現在では住環境整備事業が進められているが、集合住宅や駐車場、空き地などが混在している）。

京都駅南エリア土地利用調査図

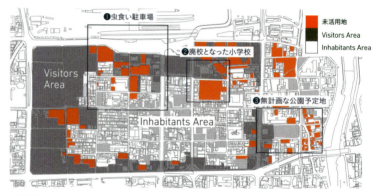

エリア分析

公共再編のコンセプト　「種」を植え、緩衝帯を形成する

▶▶ 来街者のためのエリアと住民のためのエリアの境界付近に存在する空き地や駐車場などの「未活用地」にパブリックシーズを挿入する。そうすることで両エリアにとっての緩衝地帯を形成する。2つのエリアはグラデーショナルにつながり、この地域のポテンシャルが全体的に引き出されるようになる。

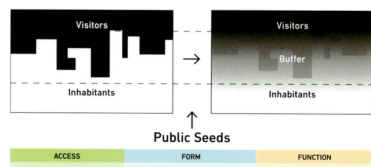

京都大学 田路貴浩スタジオ

計画 可変するパブリックスペース

Cultivation Platform──虫食い駐車場

▶▶ 京都駅のすぐ南側には駐車場やレンタカーショップが虫食い状に存在する。そこで、以下の建築的操作を加える。

1. 駐車場、レンタカーショップの上空にプラットフォームを設置。
2. プラットフォームと駅を連結し、駅から住宅地に向かってレベルを下げる。
3. 駅と住宅地をつなぐ各プラットフォームにパブリックシーズを挿入する。

その結果、駅と住宅地を緩やかにつなぐパブリックスペースが形成される。またプラットフォームを基盤としながら、時代の変化に伴う経済的、社会的ニーズの変遷に応じたパブリックシーズを挿入していくことで、固定的な従来の公共建築ではない、可変的なパブリックスペースとなる。

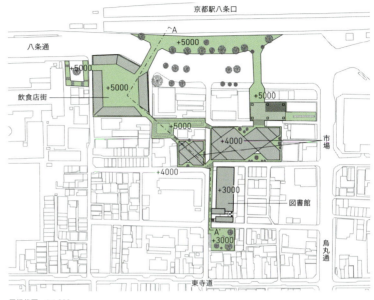

屋根伏図　1:4,000

飲食店
包み込む屋根が中心の広がりへと人を集める。駅利用者が集まりにぎわいをみせる。

市場
屋根の起伏が人の流れにリズムを与える。行き交う人がふと足をとめる。

図書館
なだらかな階段が人の歩を緩める。住民が通勤、通学の途中に立ち寄る。

A-A' 断面図　1:2,000

祭櫓──廃校となった小学校

▶▶ 廃校となった元山王小学校を中心として、周囲の道路や空き地を移動する、可動式パブリックスペースによるバッファー空間を考える。動く物見櫓は、地域のランドマークであると同時に、祝祭空間を演出する可変的な装置である。稲荷祭の際には対象敷地西側に走る竹田街道を神輿が通過する。地域住民と観光客は一緒に祭りに参加することで、空間的・精神的な壁は非日常性に融解する。物見櫓同士は自然発生的に寄り集まり、その平面密度の膨張・凝縮を経ることで、ある場所には舞台が発生し、別の場所には屋台の連なりが発生する。物見櫓は経時的に結合・分裂を繰り返しながら周りの空き地に展開し、地域住民の生活に取り込まれ恒常的に使用される。

小櫓

リビングスペースと教室の機能をもつ。教室は地域の人が利用する英会話教室などの移動教室を想定。リビングスペースは教室を利用する人の休憩の場となる。

中櫓

中櫓には地域の人々が日常生活のなかで休めるスペース、観光客が観光の途中で休憩できる場を想定する。テラスとギャラリーとカフェの機能をもつ。

 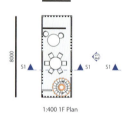

大櫓

一番大きな櫓には大人数の集まることのできる公共スペースを想定する。地域人と観光客のどちらもが利用できるようなイベントスペースと控え室の機能をもつ。

 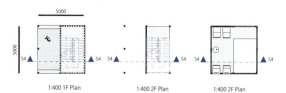

シマとニワ——無計画な公園予定地

▶▶ この地域の再整備計画では、老朽化住宅が多い場所を買収し、コミュニティ住宅や地区施設、公園などを整備することで、地区全体の住環境の改善を図る。しかしながら、計画図から見て取れるように地域全体に対して公園・緑地となる土地が多く、具体的な地域の将来像は描かれていない。また現在、計画されている多数の公園予定地は誰にも管理されない荒地になる危険性がある。

そこで、民間業者に一定の区画を「シマ」として分配する仕組みを考案する。業者には店舗などの出店と公園の利用を認め公園の管理を委託する。「シマ」につくられる施設にはパブリックシーズを活用する。そうすることで、回遊性や広がりを持った「ニワ」が形成され、さらに「ニワ」同士のつながりが人の流れを生む。こうして公園予定地は管理されない無縁の地ではなく、「シマ」ごとに多様に活用される「ニワ」となる。

現状の敷地

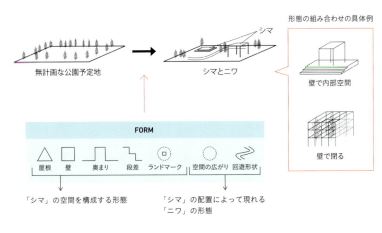

全体計画

平面図

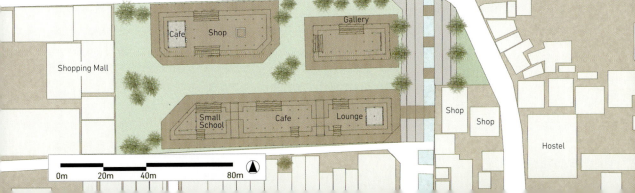

REVIEW

PRESENTATION 07
Public Seeds
京都大学　田路貴浩スタジオ

JURY

大野　まず、一般的なことを言っておくと、観光都市が進展していくと、住民と観光客の区別がだんだんよくわからなくなってきます。京都にワンルームを借りて、別荘的に住まう人もいますし、ヴェニスのグランドキャナルという運河沿いには金持ちの別荘しかありません。ですから、単純に旅行者と住民という対比で考えないほうがいいのかなというのが全体的な印象ですね。

「六原チーム」の平面は、学生の設計によく出てくる森山邸タイプのものですね。こうしたタイプは、敷地内が外部的になるので、そこに歩行者を取り込んでしまい、敷地の外部がどうなるのか描かれないことが多いのですが、その点について考えてほしいです。

「京都駅南チーム」の櫓の話は面白いと思うんだけど、道路上に置いてあるときの自動車交通はどうなるのか気になります。みんな関心のあることはいっぱいしゃべるんだけれど、これはひとつの都市デザインですから、その計画が与えるポジティブ、ネガティブいろんなインパクトを考えてください。そこまで目配せができないとワンアイデアを上手に話して終わりみたいな感じで物足りないなと思うところです。

学生　われわれも二分類では考えていなくて、実際には、観光客と住民、そしてその間にいるアンニュイな人を巻き込むような提案にしたつもりです。たとえば、観光客向けのゲストハウスなどの機能をもちつつ、居住環境を向上させていくことで、短期滞在者から2年間滞在者、季節居住者が出てきたらよいかなと考えています。

道については、六原の密集地域には路地が多く、それこそパブリックというより個人の生活がにじみ出ているプライベートな場所です。そういう道の延長として考えていて、屋根と壁の操作で路地性を表現し、道幅という変数によって、広場性や路地性といったグラデーションができるのではないかと考えて設計しました。

POSTER SESSION

八木　六原チームのこの櫓は、常設なんですか？　祇園祭の櫓は、年に一回だから街中ががんばるんですよね。それが年中出てて管理ができるのかとか、こんなちっぽけなものが、コモンスペースとして活用されるのかがわかりません。

学生　櫓の利用方法は、3つあります。小さい櫓は、子どもの英会話教室などとして、中くらいの櫓は外国人観光客も割と多いので、彼らと交流できるカフェなどとして、大きい櫓は、大きなイベントができるステージになり、必要な場所に移動ができます。

大野　普段は、どこに置いてあるんですか？

学生　普段は、廃校になった小学校の敷地に置いてあります。

嘉名　僕が面白いなと思ったのは、動くパブリックスペースがあるということです。パブリックというと未来永劫ここにあるみたいなイメージですが、それをもっと軽く捉えていることがいいなと思いました。そうやって理解はしたんだけれども、それによって街がどう変わるのかというのがいまいちよくわからなかった。卑近な例でいえば、空き家問題には使えそうだなと思いましたが、パブリックの概念的に拡張していったときに、土地の所有はどうなるのとか、その担い手は誰になんだろうとかをもうすこし知りたかったなと思いました。ただ今のガチガチのパブリックを変えていこうというのはわかりました。

KAS REVIEW
阪田弘一（京都工芸繊維大学 准教授）

例年、京都大学チームの醸し出す王道感には感心させられる。なぜこうも淀みなく思考と作業を進めることができるのか。今年も、公共性を担保する「行動多様性とアクセシビリティ」の創出というクリアカットな目標設定→公共の場の仔細な収集と分類・整理→行為と土木や建築の造形メソッドの関連分析→対象地域に見合った造形メソッドの加工と挿入、と着実にコマを進め、2敷地での提案までやってのけた。これらは彼らが見出した造形メソッドが異なる地域特性に柔軟に対応できることを示唆する。頼もしい、君たちはこのままで十分やっていける。でもそんな言葉には満足しないだろうから、傷にも触れておきたい。

君たち、そして君たち以外の人にとってのリアルとはなんだろう？ 私たちが日常触れている世界はただの一部にすぎないが、普段そんなことは忘れている。でも突然の災害や暴力、あるいは思いがけない心遣いに出会ったとき、自分の外に広がる世界の大きさ、恐ろしさ、素晴らしさに驚く。そんな手ごたえをリアルと呼び、自分と日常感覚や思考形式の程遠い他者に開かれているかについての問いが公共性なのだとすると、2つは同じことだ。たとえば、思考や作業の過程で公共性が高いと君たちが感じた造形メソッドとその機能を記号的に捉えすぎてはいなかったか？ それを他のエリアに挿入する操作に暴力性はなかったか？ 自分たちを信じすぎてはいなかっただろうか？ 少なくとも私は六原と京都駅南で同一のソースから見いだされた造形メソッドを展開することに躊躇する。そう、現代における公共の場をつくりだすことの困難に対してどれだけ意識的であるか、そのためらいが見えないのだ。

SUPERVISOR REVIEW
田路貴浩（京都大学 准教授）

今年は、私がいつも以上に欲張りすぎてしまった。「公共の場」の実態を知るために、まず、街はどれくらい自由に使えるのかという観点からアクセシビリティ調査を行った。時間制限や料金の有無などを指標にして施設や敷地の開放度を調べ、それを色分けして図示した。その結果、多様なアクセシビリティの存在がわかった。しかしそれだけではただ多様性を確認したことにしかならないので、次に「公共の場」と呼びうる場所が建築的にどのように構成されているかを考察した。対象エリア内に限らずアクセシビリティの高い場所（鴨川、京都駅……）を任意に選び、その空間構成要素をパタン・ランゲージ的に抽出したのである。そこからパタン・ランゲージとアクセシビリティの相関を導き出した。そしていよいよ計画である。今度はエリアの都市構造分析を行って「公共の場」が必要とされる場所を見つけ出し、そこにパタン・ランゲージを投入して場所の再編を行った。

こう書くとたいそう立派なことをしたように思われるが、作品はそれをうまく提示することができなかった。それはかならずしも学生の力不足のせいとはいえない。計画のスタート時点で、最終的に何をしたいのか、ゴールのヴィジョンを議論しなかったからではないかと反省している。都市の解読は分析的に行うことができるが、都市のデザインを演繹的に行うにはどこか無理がある。将来の街の姿を構想するには直観が不可欠で、演繹的論理だけで導き出せるものではない。都市をデザインするためには、調査と分析さえゴールありきで行うべきなのかもしれない。

京都建築スクール2015 総括

阿部大輔

公共の場、というと私はまず公共空間のことを連想する。けれど、今回の課題は、必ずしも公共空間を主題としていたわけではなかったように感じた。むしろ、あらゆる空間に何かしらの公共性が立ち上がることを前提に、人口減少や社会階層の偏りといった社会情勢をにらみつつ、さまざまな人々の「間」に成立する空間の公共性そのものを再定義することがテーマだったのではないかと解釈している。この「間」の相互作用によって、都市空間の肌触りが変わってくる。

「place-making」という言葉がある。客観的で冷徹な「空間〈space〉」を、質感に富んだ生活の舞台としての「場所〈place〉」に変えていこうという都市デザインの手法のことである。居場所づくり、と言い換えることができるかもしれない。ここで考えたいのは、「では、それは誰のための居場所か」ということである。みんなのための、と思わず口走ってしまいそうだが、「みんな」というのはそもそも実態がない。だから、ある空間が場所へと変わっていく過程には、多かれ少なかれ一定の私有化の動きが生まれざるを得ない。そこに、どういった媒介項（「嗜み」「学び」など）を設定しながら、将来の空間の公共性（人々の「間」のつくりかた）を見いだしていくのか。ここに、粘り強い議論が求められているのではないだろうか。

思考停止状態で「みんな」「公共空間」という単語を野放しにすることは、やがて公共の場の意味を溶解させ、私有空間の特権性を助長していくことになりかねない。異なる他者と経験を共有することこそが都市の醍醐味であることを、私たちは忘れてはならないのだと思う。

池井 健

本年のテーマである「公共の場」に限らず、これまで取り組んできた「商業の場」や「居住の場」も、当然のことながら都市においてそれのみで成り立つものではないし、それのみによって都市のビジョンを実現できるものでもない。

そもそも都市にビジョンが必要か、それを計画することが可能か、という議論はここでは置いて、京都建築スクールの課題である「公共の場の再編」を考えるとき、まずは40年後の都市全体のビジョンをもち、そのビジョンを前提とした公共の場のあり方を考えるというのが正攻法だろう。また、そうしたアクティビティによる切り口だけではなく、地理的にも対象地が周辺地域やさらに広い世界のなかでどういった場所になるべきかという視点が必要であるのはいうまでもない。

あらためて各チームの提案を見返すと、あたかも公共の場を再編することによって都市のビジョンが実現されるかのようなスタンスであったり、そもそも公共の場のみを対象としているものであったり、対象地の地理的な位置付けに対する考察が不十分だと感じるものもあった。

こうしたことには、「公共」という難易度の高いテーマや自由な敷地設定やプログラムの組み方なども影響しているように思う。

本年をもって京都建築スクールは一区切りとなるが、来年以降も何らかのかたちでこの活動が継承できるのであれば、上述のような根本的な部分を考慮してより良いものにしていければと思う。

魚谷繁礼

「公共」という言葉の意味するところは、その言葉が用いられる場面やその言葉を用いる人により異なるだろうが、ここでは個人の利益ではなく、「複数の利益を考えた方がかえって有益であることに意識的であるような事態」を公共的であると捉えたい。公共には、官による公共と、民による公共とがある。たとえば、前者の一例は行政サービスであり、後者はNPOの活動、あるいはまちづくりと呼ばれているものであったりする。近年、1970年代のイギリスに端緒をなし、「新しい公共」という言葉のもと、欧米や日本において、官による公共から民による公共へとその比重を移していこうとする考えが主流である。

さて、民による公共の一例である、いわゆるまちづくりは本当に公共的であろうか？個人の利益ではなくまちの利益を考えている点では公共的であろう。しかし、その街の利益だけを考え、その街を含むより広範な地域の利益が顧慮されていないとしたら、そういう意味では私的であるともいえよう。このような相反を乗り越えるためには、官か民かではなく、官が、国／都道府県／市町村／区と複数のスケールでバランスをとりつつ公共を図っているのと同様、民においても相異なるスケールを単位とした多様な主体による重層的な公共が必要であろう。

ところで「新しい公共」を推進する動きがある一方、阻害する動きもある。ある寺では境内を広く一般に開放していたが、境内に植わった樹木の枯れ枝が落下して子供が怪我をし、裁判の結果、寺の過失が認められたことを受け、境内の開放を取り止めたそうである。結局のところ民による公共を推し進めるには、個々人が公共の精神を共有することが前提となろう。

朽木順綱

一昨年の「商業の場」、昨年の「居住の場」に次いで、都市におけるさまざまな場の特性に注目したテーマとして連続しつつも、今年度のテーマだけは具体的な都市機能に関連した設定というよりも、どちらかといえば理念的、あるいは政治的な設定であった。公共性とは、空間の構造や形態に必ずしも直結するわけではなく、都市における特定の空間を恒常的に生み出す概念でもない。それゆえ各チームとも、公共性をいったん何らかの都市機能に読み替え、空間化するというステップを必要とした。最終講評会において、例年以上に多視点からの提案が見られた背景には、この読み替え方の違いがあるだろう。

しかし反対にいえば、そもそも都市におけるさまざまな空間は、すべて何らかの公共性を有しているのであり、どのような読み替えも可能だったともいえる。その意味で、今回の課題で求められていたのは、どのような都市機能を実現すべきか、ではなく、いかなる機能であれどのような公共性を見出しうるか、ということだったのではないだろうか。そのことを十分に検討しておかない限り、「私的な」公共建築や、「閉じられた」公園、「つながりのない」道路など、公共性という名のもとに繰り返されてきた建築の暴力性を、再び引き受けてしまうことになる。一方、個人住宅であっても、門掃きや玄関飾りなど、見知らぬ他者をつねに受け入れる準備が整えられており、雨宿りなどの偶然の来訪者もまた、過剰とならない範囲での控えめな侵入を企てる。いかなる空間であれ、こうした暗黙裡のせめぎあいが高度化されることこそ、都市空間の洗練ではないかと考えている。

京都建築スクール2015 総括

阪田弘一

都市防災、地域文化資源、コミュニティ、イベントの場、生産の場……。あらかじめ課題を聞かされていなければ、こうした各大学の提案が同じ課題に対する回答だとは誰も思わないのではないか。考えてみると、「公共性とは」そして「それを支える場とは」という課題は、建築を問わずさまざまな場で議論されてきたが、私自身が理想の公共の場を実感または見聞したことがあるかといえば、正直なところない。誰かが疎外されていたり何らかの選択肢を取り上げられる場はいくらでも思い当たる、がその逆はない。高齢者・障害者・外国人・子供・女性・貧困者……、公的な空間では、誰にとっても安全で公平であろうとするがために、誰かが何らかの不自由を強いられる。そしてその誰かはつねに発見され、異議申し立ての声があがる。やはり公共性が動的かつデリケートな概念であることは間違いない。

アクセスフリー、ルールフリーという、ある種究極の公共の場の性質を備えたと言えなくもないSNSなどのネット環境下で無記名の罵詈雑言が横溢する状況を指摘するまでもなく、理想の公共の場などどこにもないのだということを前提にしたほうがよいのかもしれない。ただ、それを希求し創造・改良しようとする絶え間ない営みにだけ公共性が宿るのではないだろうか。だとしたら、その営みに開かれていない状況だけはまずい、ということであり、その意味で一連のシリーズの最終章となる本テーマが、複数の大学が集い、目指すべき都市や建築像をめぐって議論を重ねることを一番の価値に置いた京都建築スクールという場には、とても相応しい課題だったということだ。

田路貴浩

ハンナ・アーレントによれば、人間は共通性をもつから互いに共感することができ、個別性をもつから「何ものか」でありたいと望む。「人間は自分自身を伝達できる」とアーレントはいうが、むしろ人間は自分自身の伝達を「欲する」というべきだろう。自分を他者に伝えることによって、「何ものか」になることができる。アレントはこうした行為を「活動〈action〉」と呼び、とくに言葉による伝達活動のことを「言論」としている。この活動はつねに誰かによって「創始」される。つまり、人間は自分を伝達する行為を創造し、他者に語りかけ、そのことによって「何ものか」になろうと欲する。だからこそ人は集まって都市をつくるのであって、それが公共ということなのだろう。

アーレントによれば、活動のための場所は「仕事〈work〉」がつくり出す「作品」によって用意される。それを建築と言い換えてもよい。たとえば、天安門広場では権力者が権力者であろうとして、権力を誇示する活動を行う。その同じ場所で、かつて学生たちが自由を求めて言論活動を始めた。権力者と市民は自分を伝達する場の争奪戦を繰り広げてきた。そこに天安門広場という建築作品が存在しているからである。

ひるがえって日本はどうであろうか。安全保障関連法案をめぐって、国会前では連日デモが繰り広げられた。党派的諸団体が主導するこれまでのデモと違って、人々が自由に集まり、さまざまな意見が交わされていた。日本に「言論」が誕生した瞬間だった。ところが、われわれは国会前に広場を持たない。人々は機動隊によって狭い歩道に押し込められていた。日本に広場が誕生するのはまだ先のことだろうか。

松岡 聡

パブリックスペースは万人に等しく開かれているのでなく、ある時間だけを見れば、特定の誰かの私的な占有によって閉じている。ならしてみて、はじめて公共は複数の人々にとってアクセス可能であったと演繹的に推定される。パブリックスペースはある時間、「個が占有を許された場」という逆説で成り立っている。他者とは代替できない固有の個が現実のふるまいや感覚を通して規定される。とくに都市では無数の個がなす行為が場を定義しているが、けっしてパブリックという名の平均像や架空の代表者によって定義されるものではない。計画者や設計者が自分たちに都合のいい主体として語るパブリックは、社会を代表する存在ように聞こえて、結局は誰でもない誰かだ。都市空間を利用する主体を見誤れば、つくられるパブリックスペースは全く実態と異なるものになる。無数の個により定義・再定義を繰り返して質をつねに変えるのがパブリックスペースの本質だと考えている。

パブリックデザインでは、空間への要求が、用途やスペック以上に、感覚や感情を通して発現してくることがある。何かが起こりそうなワクワク感や人ごみに紛れる一種の安心感、見ず知らずの人との出会いやドライな関わり、人前で集まって盛り上がることや人の目にさらされる緊張感や昂揚感。ちょうど住宅の設計において心地よさや落ち着きが求められるように、パブリックスペースにも特有の感情が志向され、徹底した人間どうしの関係のルールに束ねられた感覚がある。公共の場のプレイヤーが理性的なパブリックではなく、感情的に結びついた個人であることをいま一度、確認したい。

松本 裕

「公的な利益」と「私的な権利」は相反する。景観・街並み保全問題はその最たるものである。「国立マンション」や「まことちゃんハウス」をめぐる訴訟は記憶に新しい。「公共の場」に関して再編すべき課題は、この公／私の境界域に象徴的に現れる。そこは、本音と建前が交錯し、白黒つけられないグレーな領域である。それゆえ、騒動や論争が巻き起こり、ときに司法の判断にも委ねられて、協議を通じたコンセンサスの醸成が図られ、ルールや法律が規定されることになる。公共の場は、このようなプロセスを経て、時間をかけてダイナミックに再編されていくものであろう。

こうした観点から、2015年の京都建築スクールでは、公的な利益と私的な権利を調整し形に落とし込む都市・建築的アイデアと、その実現に向けたインセンティブのあり方が問われていると考えた。具体的には、中小工業集積地区高井田において、公共の場である既存道路網を再編し、適度に住工を分離しつつ、コンパクトに職住が近接するまちづくりを提案した。その際、強固な私的権利である土地所有関係を調整する手段として、換地による機能集約や生産緑地化による建設規制の可能性を検討した。しかし、実効力のあるインセンティブの制度設計は極めて難しく、従来通りの補助金支援や容積緩和等に頼らざるを得ない実情を痛感した。なお、土地の私的所有を担保する地籍の確定作業（＝検地）は、特に都心部で遅れており、厳密にいえば、公私の境界自体がそもそも未確定で曖昧なのも日本の公共の場の実態といえよう。

八木康夫

今年度の「公共空間の再編」という課題はとても難しい。そもそも「公共空間」とは何かである。現在の都市空間は人とモノや情報が激しく動き回り、その場のアクティビティとコミュニケーションが激化するなか、その場所はどこにでもある風景と化し、独自性がまったくない状況となっている。このようなボーダーレスな状況の中「極点社会」や「地方創生」というキーワードに地方行政が躍起になって「独自色」を模索している。私もある地方都市の「まちづくり」に駆り出され、「首長を先頭に官民一体」で議論やまち歩きを繰り返し今後のビジョン策定をおこなっているが、問題は利便性という名のもとの「無関係な共存」がその場の独自性をあいまいにしていることである。さらにはまるで「使い捨てライター」のように古くなったから新たに公民館を建て替える（と言っても劣化や機能の陳腐化ではなく、建て替えなら補助金が出る）という場あたりの発想、そこで生活という歴史を積み重ねた住民の思い出をさらっと捨ててしまう感覚である。

そもそも建築とは「内と外」という、人間にとって一番根本的な世界との区分で、その行為にこだわり続けて都市は成立しており、いとも簡単に撤去してしまわない感覚を捨て去らず、そこにあるものをまずは尊重し、界隈をつくり、風景をつくりそして歴史を紡いでいくことを可能にすることができるであろう行政手法が公共空間の再編の手立てだと確信している。

ESSAY 1

公共性をもった環境の未来

大野秀敏（建築家、東京大学 名誉教授）

建築学を勉強する人たちにとっては、公共建築は、課題や建築計画学を通じてなじみの深い存在である。その理由の一つは、大学での設計課題の多くが公共建築かそれに類する建築の設計を求めるからである。しかし、現実の世界ではかつての「公共建築」が存在する余地は少なくなっている。というのは、公共建築という形式は、一つの政治的産物だからである。ここでは、視点を広く取り、公共的な建築とは何であり、今後どうあるべきかについて考えてみたい。

まず最初に公共性からみた日本の建築の転換は、1970年代末から80年代にあるので、この前後に何が起こったかを比較してみよう。

1. 1970年代以前

現在、日本の建築界で語られる公共建築はこの時代に生まれたもので、そもそも、それは、近代建築と手を携えて生まれた。その概念の構成要素をキーワードで示そう。

都市・社会的背景：都市計画、ゾーニング、核家族、郊外、ニュータウン、中低層、生活協同組合、集落、郊外鉄道
建築のリーダー：巨匠、官僚、大学
空間：モダン、打ち放し、白い、広場、明るい、開かれている、欅
花形の建築タイプ：公営集合住宅、戸建て住宅、学校、コミュニティセンター、美術館、音楽ホール、市庁舎、工場
公共性の物差し：平等性、整備水準のナショナル・ミニマム

近代以前の建築家の仕事は、世界中どこでも例外なく「旦那」（王侯貴族、僧侶、企業家などのことを総称してそう呼ぶことにする）から頼まれた。この仕事は、「旦那」が右と言えば右、白と言えば白というものである。いつの時代も、建築家の仕事というのは、この種の仕事が基本であるが、このことは大学では教えられていない。

近代社会になると、国や自治体政府が発注する公共建築の設計が、建築家の仕事のリストに加わり、「旦那」仕事より上に来る。これは、近代建築のパイオニアたちが、近代市民社会が必要とする公共住宅や工場などを自分たちの仕事に取り込み、建築家には特別な使命が託されているのだと宣言したからである。すなわち、衛生的な環境を民衆に提供すること、そして、市民社会に相応しい平等を体現する建築や都市の姿を提示すること。これらを通して産業革命がもたらした社会の歪みを是正し、同時に、産業時代の建築の美学を追求することであった。

建築家は、民衆の側に立ち、民衆の夢を実現するヒーローを自ら任じたといえる。そもそも「民衆」にしても「市民」にしても抽象的な概念なので、結局、建築家が公共性を解釈する権利を独り占めすることになったともいえる。つまり、未来の生活がどうあるべきかを知っているのは自分たちであり、民衆はそれを知らないという姿勢といえよう。

官公庁が都市づくりを主導した

第二次世界大戦で、日本のほとんどの都市が連合軍の大規模な空爆を受けて壊滅的な破壊を被ったが、その復興は行政（官僚）の主導で行われた。戦災復興が一段落して、日本経済も戦前のレベルを超え、民主主義の自由な空気のなかで大建設時代が到来したが、依然として公共事

業（ダム、道路、鉄道、建築など）は大きな役割を担った。
　当時の課題は、国土を縦断する交通基盤整備、大都市に集中する人口を収容する為の住宅地作り、高度経済成長によって広がった大都市と地方の格差を埋めることの3つであった。具体的には新幹線や高速道路、大小の団地やニュータウン開発であり、大都市で集めた税金を使って地方に公共施設を作ることであった。

公共建築は〇、民間建築は×

こうした背景から、大量の公共建築の発注があり、近代建築の思想と合体して、公共建築優位の思想が確立する。このような見方は、建築計画学によっても裏打ちされた。近代建築の大きな特徴の一つは、用途別に建築の型があるという前提である。近代主義の建築家達は、用途ごとに一番相応しい間取りと、他の用途の建物と区別できる独特の外観をもつべきだという機能主義的美学を主張した。少なくとも日本では、こうした型の分化が公共建築で顕著であり、公共サービスの種類毎に独自の型を発展させた。そこには、建築学の一分野である建築計画学の取り組みと官僚主義が与り、ある特定の公共サービスを提供する為には一定の基準を満たした専用の建築施設（たとえば学校建築、病院建築など）を用意することが制度化され、これも、大学教育における公共建築重視を後押しした。
　一方、「旦那」仕事を言い換えた民間事業は、公共建築にくらべて建築家が関わるべき仕事としては劣るとみられた。なぜなら、「旦那」仕事は利益、効率優先であり、市民や空間が犠牲にされるというのである。

経済政策の道具としての公共建築

公共建築は、社会的公正と合理性の産物だとしても、国や自治体の事業としての経済政策的側面も強くもっていることを忘れてはいけない。日本は、戦後一貫して、不況時に公共工事を行うことで、経済活動に刺激を与え、余剰労働力の吸収するという政策運営を行ってきた。これは国土の基盤がしっかりしていない時期には非常に合理的な政策であった。公共施設の整備は国民の生活水準を向上させた。また、不況の時は建設費が安いので割安に建設ができ、経済が好転すると、この基盤が次の経済成長の跳躍台となる。まさに好循環を作るできすぎた政策であった。しかし、それゆえに、建設経済に依存し過ぎることになり、施設が充足した後も不要な公共施設を作り続けるという中毒症状から抜け出せなくなってしまったのである。

2. 1980年代以降

1970-80年代を通して民間資本の蓄積が徐々に進む一方で公共財政は逼迫してきた。そこで、政府は都市空間の基盤整備に民間資金を利用する方向に転換する。理念は高邁だが金のかかるモダン期の都市政策の代わりに、金を稼げる都市が求められたのである。その先鞭はイギリスがつけた。マーガレット・サッチャーが首相に就任する（1979）と、近代市民社会の基本概念である自由と平等の秤を自由の側に大きく傾けた。このような政策はアメリカでも、日本でも取られ、新自由主義政策と呼ばれる。この波はベルリンの壁の崩壊の余勢を駆って、グローバ

ル資本主義に拡大し、都市経営にも市場原理をいきわたらせた。簡単にいえば、公共建築は極力作らない、作っても運営は民間にまかせる、運営に税金を使わないということである。少なくとも政策レベルでは<u>公共建築</u>は大きく後退することになった。それは建築家の世界にも大きな影響を与え、かつては真っ当な建築家の仕事とは考えられなかった商業建築が、建築家のレパートリーの前面に出てくる。

このような1980年代以降の建築を表現するキーワードを上げると、以下のようになる。

都市・社会的背景：新自由主義、用途混在、PPP、都市間競争、指定管理者制度、多様な家族、メディア、高速鉄道
建築のリーダー：スター建築家、GAJapan、エルクロッキー、グローバル資本
空間：表層、情報、アイコン、マンハッタン、ガラス
花形の建築タイプ：ブランド店、飛行場、オフィスタワー
公共性の物差し：建築の自由、集客性（にぎわい）、話題性、視覚的開放性

民間建築は○、公共建築は×

前の時代には、都市計画は、平等の理念に基づいた市民社会を実現する手段と考えられたが、新自由主義は、都市を「計画する」ことそのものを市場への無用な公的介入として嫌い、都市開発と市場経済の一部門としてみなした。また、建築は資本の流動を加速させるターボチャージャーとして期待された。行政は都市づくりの主役を不動産業者に譲ったのである。また、公共建築は金食い虫であり、公共政策は民間の経営感覚を見習えということになった。

ポストモダン都市を特徴づけるのは過剰消費と都市空間自体の商業化である。ショッピングモールはいろいろな施設を飲み込み、市民の週末の過ごし方を示した。ショッピングモールの「島」はテーマパーク手法で演出される。この戦略は都市の一地区全体にまで広げられ、やがて、都市空間のテーマパーク化ということに行き着く。都市デザイナーは都市という巨大な売り場のインテリアデザイナーでしかなくなる。そして、このような戦略をとれないような都市は、都市間競争から振るい落とされてしまう。

営利性vs公共性

時代が変わっても、前の時代の公共建築は今でも残っている。それは、政治家にとっては地元への手みやげであり、官僚にとっては政策手段であると同時に利権であり、建築家にとっては天国である。混迷を極めた新国立競技場問題の本質はここにある。国立競技場のユーザーである各スポーツ団体や音楽興行界は、それぞれの業界が欲しいものを税金で建てさせようとばかり目一杯の要求をする。実施担当組織である日本スポーツ振興センター（JSC）は運営費に限った採算性しか考えず、施設建設費は文科省（つまり税金）から出るので建設費は野放図に増えてゆく。ところで、日本の政府全体では年度予算の歳入の約1/3が国債と地方債、つまり借金である。その累積がGDPの2.3倍に及ぶというたいへんなことになっている。そもそも当初の予算1,300億円でも多すぎるのに（最近のオリンピックで主会場の建設費が1,000億円を超え

たことはなかった）、3,000億円の競技場が一時は認められかけた。誰も適切さを判断しようとしなかったし、巨費にどんな公共的正当性があるのか考えなくなっていた。ここには、官僚組織の利己主義と、使えるだけ使うという建築家の社会的倫理観の希薄な体質しかない。問題は、新国立競技場問題が例外なのではなく、類似の問題構造が、各地の公共事業に大なり小なり見られることである。そしてもはや、公共建築が公正で市民の要望を満たし、民間商業建築が営利だけに走るという単純な構図は成り立たなくなっていることを明らかにしたのである。

これからの公共的な建築の姿

海外の機関がおこなう将来予測はどれを見ても、日本には、人口減少、財政赤字、高齢化などがのしかかり、先進諸国のなかでもっとも先が暗い。まずこれは記憶しておこう。だから、この先、日本の公共建築に関していえば、<u>税金で、誰もが使うことを想定し、真新しいだけの施設</u>は建てられなくなるだろう。これからは、誰が費用を負担するのか、誰が環境を利用するのか、過去から引き継いだ資源・資産をどう活用するのか、発注者も建築家もこれらのことを考えずに済ますことはできなくなる。それがこれからの<u>公共性をもった環境</u>の姿である。

これまでの整理の仕方にならってキーワードで筆者の考えを示してみよう。

都市・社会的背景：先進諸国の高齢化と地球全体の人口増、欧米からアジアへの世界経済の中心の移動（中国の次はインド）、縮小を経て定常社会、相対的に低下する国民国家と増大する個人の力、人々と物と情報の流れの加速性、垂直分割（地域や職域などによる）に加わる水平分割（好みや教育や思想、収入による）、マルチモビリティ
建築のリーダー：地区経営と空間設計の両方ができるデザイナー、異なる時代を繋げるデザイナー、場所と流れのデザイナー
空間：「新しいもの」より、「新しい編集（古いものと新しいもの、そこにあったものと持ち込んだもの、自然と人工物など）。その場の自然を美しく楽しく感じさせる空間
花形の建築タイプ：リノベーション、移動性をもつ建築、do-it-yourself、サービスとハードがパッケージされたコミュニティデザイン
公共性の物差し：小さい流れ、参加、新しく編集された地域性

このような公共性をもった環境は実現するのだろうか。くり返しになるがもはや行政だけではそれはできないであろう。営利性を求めざるを得ない民間企業にも限界があるだろう。

鍵は市民が握っているはずである。

ESSAY 2

長期計画は
来るべき未来への準備である

村橋正武（立命館大学 上席研究員）

はじめに（計画する意味・意義）

我が国は、今、大きな転期を迎えている。日本の人口はこのまま推移すれば、2050年には今より約3000万人激減し、9000万人台になる（fig.1）。これはちょうど40年前の1970年代の人口規模と同じである。我が国はこの40年間にGDP換算で年率10％弱の高度経済成長を遂げ今日の豊かな社会をつくってきたが、これからはこのプロセスの逆をたどり、将来の行く末が案じられる。人口減少の傾向に何ら手を打たないなら、発展途上国並みの生活水準に戻ってしまうと懸念される。とくに20代の若い諸君をはじめ社会を支える生産年齢人口（15-64歳）の総数が激減する一方で、65歳以上の高齢者が急増することから、稼ぎ手が減り社会が貧しくなるとともに、年金負担や税負担を通して高齢者や子供を支える仕組みが崩壊する。今の若者が中年さらに高齢者になった時点でも、日本社会が今と同じ状態を保てるか大変大きな問題に直面している。しかもこのトレンドは直ちに変更できるものではない。

このように最も信頼できる人口について将来を予測するだけでも、今生きている我々の誰もが経験したことがない時代に突入したことは確かである。そうであれば我々は今後どうすべきか。何もしないで坐して死を待つのか。いやとんでもない。このように予測されるなら、それに対してどうすればよいかを考え、対策を講じ、それを実行するのが当然である。普通の動物ですら危険が迫れば生きるためにこれを回避したり、乗り越える方策を考えて行動するから、ましてそれよりはるかに知恵と知識をもっている我々人間は過去から学び、考えを巡らせ、皆と議論して最善の策を講じようとするのは当然である。これが「計画する」という意味である。

「計画する」とは面倒臭いことではなく、人が人として生きていくための道筋をつくり、これを実践していくことであり、普段から意図しなくても生きるために行っている行為・行動である。しかしここで述べる「計画する」とは、自然体で行う行為・行動ではなく、意図的・意識的に取り組む行為・行動を指す。なぜ、それをテーマとするかは、人間が自分の感性・感情の赴くままに行う行為・行動ではなく、自ら意図し、意識しなければできない行為・行動を対象とするからである。「計画する」、しかも眼前の事柄、短期的な事柄ではなく、長期の事柄に対して意図し意識して取り組むことこそ、人として社会として真に「計画する」ことの意味があり意義があることなのである。

計画の手順

では長期計画を立てるとは、何のためどのような行為・行動を意味するかを考えてみよう。物事を論理的に思考するのと同じ手順で、先ず第一に、現状（実態）を直視し正確に事実を認識するとともに、場合によっては将来を予測する。第二に、現状認識や将来予測を通して何が問題かを分析し、これから取り組むべき課題となる事柄を抽出する。第三に、抽出した課題に対しどのように対応するか、どのような対策を講じるかを検討・提示し、実行する。この対策は近未来の比較的短期のものから数十年を要する長期のものまであり、かつ対象範囲の広がりも狭い事柄や空間から広範囲の事柄や空間までさまざまである。ここでは国土計画や都市計画を念頭に考えるので、長期かつ広範囲な事柄や空間を対象とする。

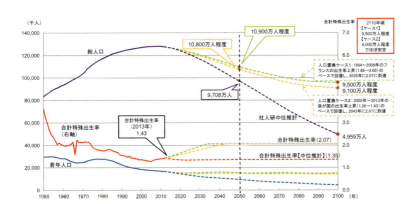

fig.1　1950年から現在までの人口動態と、2100年までの人口推計（出典：国土交通省）

手順1：現状分析・将来予測

前述の通り我々は自らに迫る危機に対しては、これを回避したり、乗り越えたりするためさまざまな工夫をする。その場合、ただ漫然と思いつくままや直感に基づいて行動する限り、危機に対して適切で効果的な対応をすることは不可能である。何よりもまず現状・実態を直視し正確に観察分析して、事実をしっかり把握・認識することから始める。英語でいうファクトファインディングである。何事に対応しても現状・実態についての正確な認識を欠いては、どのような優れた対策を用意して立ち向かおうとしても成功するはずがない。思い込みや先入観を排し正確に事実を認識することが重要である。

たとえば先述の人口推計がそうである。将来予測だから若干の誤差が生じることは避けられないが、全ての統計値の中で最も正確な予測ができるのが人口である。したがって日本の人口が急減し、このままでは豊かな社会を維持し続けることが困難になるだろうということに誰一人否定することはできない。歴史学者の考察によれば、日本国が成立して以来、継続して人口増加を続けてきた中で、人口が停滞もしくは減少した時代はわずか4回だけだそうである。その中でもっとも直近の例が徳川幕府時代の享保の改革（1716年）から明治維新（1868年）までの約150年間で、その点でいえば、現在、我々が直面している人口減少はまさに歴史的転期に当たるといえる。そうであればこそ、より一層正確に現状・実態を把握・認識し、将来予測のもと今後の対策を立てる必要がある。

現状を正確に認識するファクトファインディングの姿勢に立つことの難しさを伝えるエピソードがある。

今から30年以上も前の1979年、我が国で初めて先進国首脳会議（サミット）が開催された。我が国が国際政治・経済・外交面で重要な役割を担おうとしたその矢先、EC事務局（今のEU）の対日戦略秘密文書が暴露された。この中で日本人を称して「ウサギ小屋に住む仕事中毒の日本人（workaholics who live in rabbit hutches）」という言葉が使われたと日本の新聞社が報じた。当時の欧州人の中で最も知的水準が高く国際感覚に優れているはずのECの国際公務員ですら明らかに事実誤認しており、欧州人の事実認識の低さと先入観に基づく対日誤解は問題だとして物議を醸した。事実は、原文のフランス語を日本の通信社が英文に翻訳する際、一般にフランス語で使われる「ウサギ小屋」の意味を十分理解せず日本流に悪口を込めた意味に解釈し、さらにこれを日本の新聞社がそのまま日本語に翻訳したことによる誤解であった。すなわち日本のジャーナリストが、欧州人はこのように解釈しているだろうという思い込みに基づいて勝手解釈した誤解であった。日本人の誤解であったが、1万km離れた日本と欧州では、歴史、文化、民族、経済事情が異なることから、一向にイメージギャップが解消されないことは今日でも同じである。

手順2：問題点・課題の抽出

このようにまずは現状・実態を正確に把握・認識することから始める。次いで現状認識や将来予測を通して問題点や課題を抽出する。現状のまま推移してもよいのであれば問題点を指摘する必要はないが、人口減少のようにこのままのトレンドでは確実に危機が到来し、将来に大きな禍根を残し、安心・安全で快適な生活や活動が保証され

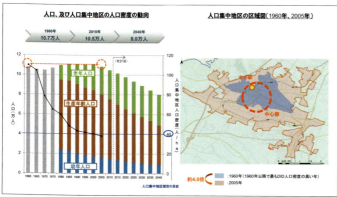

fig.2 地方都市の人口動態と市街地(出典:国土交通省)

ない場合は何らかの手を打つ必要がある。そのため何が問題で何を課題として取り組むか、またさまざまな問題や課題を列挙するだけでなく、何に重点を置くべきか、何から対応するかのウエイト付けや対応の手順を考えることである。こうして将来に向けての課題を識別・抽出する。

以上の現状認識・課題抽出を国土計画や都市計画を例に考えてみる。本年8月に策定された「新たな国土形成計画」では、現状認識として何よりも①人口減少、②巨大災害の切迫の二つの問題を取り上げた。そしてこれらを前にして、対応を誤れば国家の存亡にかかわる恐れがあるとの極めて厳しい危機感に立って計画が策定された。前述の通り、このまま人口減少が推移すれば大都市や政令指定都市ではそれほど人口は減らないものの、人口30万人以下、とくに1万人以下の町村では半数以上が無居住地域になる可能性が高い。国土面積でいえば全体の約2/3が無居住地域になるというすさまじい予測結果を示している(fig.2)。また巨大災害の切迫についても、今後30年以内に70%の確率で震度7-9クラスの首都直下地震や南海トラフ地震の発生を予測している。これによる被害についても南海トラフ地震では死者(最大)32万人、全壊家屋74万戸、インフラの被害は停電2700万軒、道路被害3万箇所、鉄道被害1.3万箇所と史上最大の被害を想定している。

さらに急激な人口減少と巨大災害の切迫に加えて、ユーラシアダイナミズムともいうべきアジア諸国やロシアの経済活動の活発化により国際競争が激化し、もはや我が国はアメリカと並んで世界経済の盟主としての地位を維持することができなくなるという予測結果を示している。このほか、食料・水・エネルギーの制約や地球環境問題への対応など、今後とも一定水準の生活レベルを維持する上で避けて通れない問題が山積していることを指摘している。一方、ICTなどに代表される先端技術の劇的な進歩により、これらの技術を我々の生活や活動に積極的に取り入れ、快適で効率的な生活・活動環境をつくり出すことが重要であるとも指摘している。

都市についてはこれまでの人口流入とこれによる市街地の拡大が止まり、中心市街地商店街の空洞化に加え、空家、空地の出現をきっかけに見捨てられる個所が出はじめ、都市が荒廃すると懸念される。また都市活動を支える生産年齢人口の減少により経済規模が縮小し、長期的に貧しくなり、日常生活機能の衰退、地域経済の衰退、社会保障費やインフラ維持費の増大、税収減少による地方財政の圧迫などにより、地方の活性力が衰え持続可能な要件を失うと危惧される。もちろん人口減少がもたらす課題は否定的側面ばかりではない。人口が減ることにより密集市街地が徐々に解消されたり、比較的広い土地や住宅が確保でき、交通混雑も緩和し、ゆったりした道路や公園・緑地などが確保できる。さらに、スローライフに代表されるように余裕ある生活感覚を取り戻し、人間の感性を大事にする心豊かな生活が実現できるなど、肯定的側面も考えられる。しかし問題は、現時点で肯定的側面と否定的側面のいずれに傾くか誰も展望できないなかで、何も行動を起こさないなら(計画を立て意図的・意識的に行動しないなら)、間違いなく否定的側面が強く現れる。これでよいのだろうか。

加えてこれらの課題に対応するには極めて長時間を要することである。人口減少問題に対応するには、何よりも子供の数を増やすことである。一人の女性が生涯にもつ子供の数が2.07人以上であれば人口減は止められる。しかし日本の現状は1.43人で、世界で最も低いレベルにあ

コンパクト＋ネットワーク

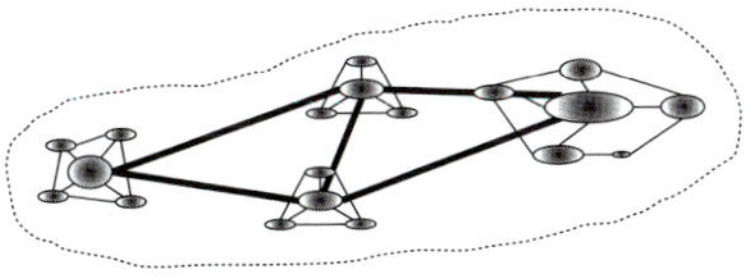

fig.3　対流促進型国土の形成を図るための国土構造、地域構造

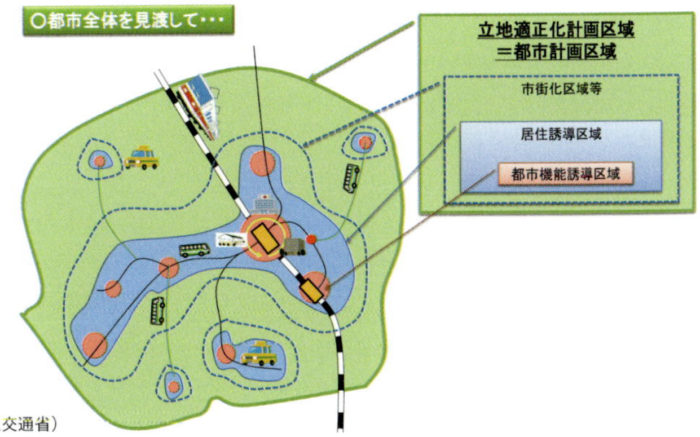

fig.4　立地適正化計画（出典：国土交通省）

る。この数値を引き上げるには、それこそ何十年もの時間を要する。何よりも女性自身が子供をもつという決断が肝心であるが、このためには個人的事情や意志に加えて、これを促すさまざまな社会条件（たとえば働きながら子育てができる施設やシステムの整備など）を整える必要がある。また子供たちが育ち社会を支える15歳以上の生産年齢に達するには、今からでも数十年かかる。すなわち、いま、方針を立てたとしてもその果実が実るまで数十年かかるということである。このように長時間かけてやっと成果が出る事柄に取り組むには、何よりも長期見通しのもと、長年月を視野においた計画を立てることが大切である。即効性のある取り組みであればあえて計画を立てることもなく実行できるが、日本社会の現状を見ると、短期間に結論を出すことができるテーマよりも、長期視野のもとで今から徐々に着手すべき深刻なテーマが多い。

手順3：対策の立案・提示
——課題に対する取り組み

次にこれらの課題に対してどのように取り組むか、すなわちどのような対策を立案し実行するかである。課題認識のレベルで留まっている限り何の成果も生まれない。具体的対策を立案し実行に移してこそ計画を立てる意味があり意義がある。我が国を取り巻く国内外の環境や条件は一朝一夕で答えが出せるものは多くない。したがって対策もさまざまな側面から検討し、場合によっては一つの対策だけでなく、種々の手法・手段を組み合わせ、総合化、システム化して実行する必要がある。しかも場合によっては関係者全員が喜んで受け入れる事柄でない内容も含み

つつ立案する必要がある。人々や地域の合意形成を図ることが肝要である。これを推進するための制度や仕組みを用意し計画策定の手順を整えるが、全員同意は極めて困難なのが実態である。このため近代国家では民主主義に基づく多数決原理による意思決定を背景に計画を作成する。

この手続きに沿ってこの夏決定された国土計画が「新たな国土形成計画」である。この計画が目指す目標は、①人口減少社会において安全で豊かな生活を支える国土、②持続可能な経済成長を支える国土の実現である。国土づくりのコンセプトである国土の姿は「コンパクト＋ネットワーク」で、まとまりあるコンパクトな地域を形成するとともに、各地域間を高速交通体系や（仮想的な）情報通信ネットワーク体系で結び、人・モノ・情報の対流をつくり出し、国全体で活発な動きを出現させることを目指している（fig.3）。

都市について見ると、国は昨年8月に新しい都市計画制度をつくり、各市町村が「立地適正化計画」を策定できるように整えた。この制度は人口減少時代に突入した現在、人口流入とこれによる市街地の拡大を適切にコントロール（抑制）するというこれまでの都市計画の考え方を抜本的に改め、人口密度が薄い市街地が大きく広がった現在の都市を見直し、将来人口に相応しいコンパクトな街に都市構造（都市骨格や機能配置）そのものをつくりかえることを目指している。コンパクトなまちづくりは1990年代から提唱され取り組まれているが、富山市などの先駆的都市を除いて、ほとんどの都市は都市計画マスタープラン（基本計画）に将来に向って街をコンパクト化するという文言を記載するだけで、極めて理念的、観念的取り組みに留まっていた。これに対し国は、もはや理念論、

観念論では手遅れになるとの深刻な危機意識から2013年度に入り急ぎ具体策を検討し、新しい制度を創設した（fig.4）。

これまでの都市計画は、国が全市町村を指導し、落ちこぼれなく計画を策定するという護送船団方式に基づいていたが、今回の計画制度の特徴は、人口減少に対する危機感をもつ市町村が、自主的、主体的に都市計画に取り組むことに期待した制度である。すなわち計画を策定するか否かは各市町村の判断に任せ、計画しない市町村があってもよい。意欲的にコンパクト化の計画を立て実行しようとする市町村に対しては、従来の都市計画の枠組みをはるかに超えた総合的取り組みが図れるようサポートし、さまざまな創意工夫を凝らして地域特性（都市の特徴）を発揮することを積極的に支援する。反面、人口減少に対する危機感が薄く計画意欲に乏しい市町村は、計画を策定するか否か困惑し逡巡する可能性が高い。いわば各市町村の意欲と知恵の競争に期待する新しい形での都市間競争の芽生えを促す制度といえる。現在約200近くの市町村が新しい都市づくりに励んでおり、来年度以降はさらに活発な動きが出てくると期待される。

おわりに

以上が長期計画を立てることの意味・意義と構想立案の背景と手順である。戦後復興期、高度成長期を経て新たな時代に突入した今日、長期計画に立ち向かうことは若い世代にとって極めて重要な行為・行動である。最後にこの取り組みに深く関わる言葉を掲げる。

英国の天文学者で天王星の発見者W・ハーシェルが、ケンブリッジ大学の学生時代に立てた誓いの言葉。

I wish to leave this world better than I was born.
――私は、この世を私が生まれてきた時よりも
　　　　　　　　　　　　　　　より良くして去りたい

［参考文献］
1. 国土交通省社会資本整備審議会「都市計画に関する諸制度の今後の展開について（中間とりまとめ）」（2012/9）
2. 国土交通省「国土のグランドデザイン2050～対流促進型国土形成～」（2014/7）
3. 村橋正武「これからの都市計画を考える（立地適正化計画の特徴と視点）」（地域デザイン研究会、2015/1）
4. 国土交通省「改正都市再生特別措置法等について」（2015/6）
5. 国土交通省「新たな国土形成計画（全国計画）」（2015/8）
6. 村橋正武「都市のコンパクト化とリノベーション―立地適正化計画が目指す都市像と持続可能なまちづくり―」（空気調和・衛生工学会、環境工学研究会、2015/9）

公益事業からみる都市の未来

山崎政人（関西ビジネスインフォメーション 研究員）

京都建築スクールで提出される構想に対して、しばしば主体について問題提起される。ここで取り組んでいる都市デザインでは、近代建築家が描いたグラフィカルな都市像に問題意識をもち、新たな都市の方向性やシステムを見いだすことが大きなテーマであったが、構想のリアリティを担保するためには、この事業論は欠かせない。

また、彼らの構想をはじめ、建築分野における都市デザインで対象とされる都市インフラは、街路やオープンスペースなど限定的な場合が多い。しかし、都市は供給・処理システムや交通などのネットワーク系インフラがなければ、その機能は果たせない。経済成長下におけるシビルミニマムの達成を終え、新たな段階に入った都市インフラは、今後の都市デザインにおいて戦略的な位置づけを与えられるべきであろう。

このような観点にたって、本稿では、都市インフラの一翼を担う「公益企業」が今後の都市デザインに果たす役割と今後の都市の可能性について考えてみたい。

公共的機能をもった企業：公益事業

まずは公益事業の定義から入ろう。公共部門から民間部門までのセクターを分類したものとしては、一瀬らによる分類がある(tab.1)。「一国の公共部門が全部または一部所有経営し、または規制する企業で、公共的機能をもった企業」を、一般行政と一般私企業の中間である「公共企業」としている。「公共企業」は所有と機能に着目して定義された概念であり、「公企業」は所有に重点を置いた分類であり、「公益事業、上下水道」が事業の機能・性格に重点を置いた分類である[1]。さらに、「公企業」の中には「官庁事業、公営企業」「公共企業体」および会社などの「公私混合企業」がある[2]。また、「公益事業、上下水道」は、電気事業、ガス事業などの私企業が挙げられている。ただし、一部のガス事業や水力発電事業、および上下水道は、公営企業により運営されている。

公益事業の定義について、藤田らは、公益事業論の創始者グレーサーを引用して、「公益事業は他の営業的事業と同様にそのサービスを消費者に一定の価格で販売するのに対し、公共事業は税金又は特別賦課金で建設、維持管理運営されるものであるので、公共事業の公共サービスは無料で利用されるものである」と述べている[3,4]。

また、公益事業の属性として、藤田らは、①サービスの必需性、②工業技術ネットワーク設備駆使によるサービス供給、③自然独占性を挙げている[4]。①は非貯蔵性と随時性・即時性を有すること、②は電気、ガス、水道、鉄道、通信など、一定の営業地域に供給するシステムであること、③は巨大な設備投資が必要なため、単一の企業に委ねる方が経済効率がよいため、自然独占が形成されるが、地域独占が認められる所以ともなっている（ほかに、塩見も同様の属性を挙げており[5]、研究者間ではほぼ一般的な考え方となっている）。

ただし、公益事業学会によると、「われわれの生活に日常不可欠な用役を提供する一連の事業のことであって、電気、ガス、水道、鉄道、軌道、自動車道、バス、定期船、定期航空、郵便、電気通信、放送などの諸事業が包括される。」（規約第6条）と、必需性のみを要件として幅広い定義を採用している。

一方、法令上については、公益事業を定義する一般法はないが、藤田らは、公共の利益を目的に私権を規制している法律、公衆の需要に供する目的を明示している法

公共企業	一般行政（公共サービス、公共事業など。いわゆる公共財の提供）	
	公企業	
	1. 官庁事業、（地方）公営企業	
	2. 公共企業体（公団、公庫、事業団体）	┐ パブリック・コーポレーション
	3. 公私混合企業（電源開発、NTT、KDDなどの第3セクター）	┘
	公益事業（企業）	
	上下水道事業、電気事業、ガス事業、運輸事業、電気通信、放送事業など	
一般私企業	独占禁止法の主要対象となる	

tab. 1　セクターの分類（『公共企業論』をもとに加工）

公衆通信事業	郵便事業、電気通信事業、放送事業、有線電気通信事業、有線テレビジョン放送事業
公衆運輸事業	鉄道事業、軌道事業、都市モノレール事業、一般乗合旅客自動車運送事業、自動車道事業、貨物自動車運送事業、一般旅客定期航路事業、貨物定期航路事業、貨物内航海運事業、港湾運送事業、定期航空運送事業
生活必需サービス（財）供給事業	電気事業、ガス事業、熱供給事業、水道事業、下水道事業、過疎地域における公営の病院事業、廃棄物処理事業

tab. 2　法令上、公益事業と考えられる事業

律、公共の福祉を目的とする公営の経営体に関する法律から公益事業を整理している（tab.2）[★4]。

公益事業はネットワーク設備をもつ地域独占を許された事業の特性上、それぞれの事業法により、参入規制、退出規制、サービス・財の質規制、料金規制、会計・財務規則など、さまざまな規制を受けている。たとえば、電力やガスなどでは、供給区域内における供給責任を課せられ、料金は認可制となっている。一方、適正な原価に適正な利潤を加えて算定される「総括原価方式」や、収益性の高い地域から低い地域への内部補助が認められるなど、採算性が確保される仕組みとなっている。

しかし、1980年代以降、公企業の民営化や行政改革とともに、公益事業は規制緩和と自由化が進められている。自由化対象の料金を、認可制から届出制に、さらには規制なしへと緩和し、また、事業を競争活動と非競争活動に分離し、競争活動分野の自由化を進めている（fig.1）。

とくに、エネルギー事業に関しては、2011年3月に発生した東日本大震災後の電力需給の逼迫を受け、電力供給や価格の安定化を図るため、一時は見送られていた電気事業の全面自由化が一気に進められることになった。さらに、都市ガス事業についても全面自由化が決定し、地域熱供給事業についても規制緩和が検討されている。

ユニバーサルサービスを確保しつつ市場原理の円滑な導入を両立させる制度設計は難しい。最終的には、製造・配送・小売を分離した別会社とし（アンバンドリング）、配送のみ非競争部門として温存することが目指されるが、収益性のない需要家には供給しない「クリームスキミング」やダンピングによる参入阻害をさせないために、初期の段階では既存事業者にだけ一定の規制を課すことで、新規参入を促す競争環境を整備している。

都市における公益事業の役割

都市計画法では、道路などの交通施設、公園などの公共空地、上下水道・電気・ガス・廃棄物などの供給処理施設、河川などの水路、学校などの教育文化施設、病院などの医療・社会福祉施設、市場・屠畜場など、一団地の住宅施設、一団地の官公庁施設、流通業務団地などが、「都市施設」（都市計画決定により設置を決める施設）として定められている[★6]。

また、「公共施設」は、都市計画法第4条の14および施行令第1条の2で、道路、公園その他政令で定める公共の用に供する施設（下水道、緑地、広場、河川、運河、水路及び消防の用に供する貯水施設）と定義されている。「都市施設」のうち、供給処理施設以外は公共施設であり、供給処理施設は公営企業や公益事業者が所有・運営する都市インフラである。すなわち、公益事業者は、行政や公営企業とともに、供給処理施設系の都市施設を支える役割を担っている。

また、電力、ガス、鉄道などの公益事業者は、本体事業をコアとして、地域に密着した総合生活産業としての役割も果たしてきた。メセナ、フィランソロフィ、環境保全などの支援や、地域経済を支える第3セクターや公益法人の設立・運営に参画することもあった。とくに、草創期の鉄道事業者は、未開発地にインフラを先行整備し、沿線地域の不動産価値を高めながら開発利益で投資回収していくデベロッパー的役割も果たしていた。しかし、エネルギー事業者に関しては、自由化によるエネルギー事業者の小粒化、弱体化により、地域貢献するだけの体力がなくなり、これまでの官と民のすき間を埋める役割を果たしていくことが困難になってしまうことが懸念される。

電力事業		都市ガス事業		鉄道事業		通信事業	
1995	卸売電気事業の参入許可を原則撤廃 特定電気事業制度の創設 一般電気事業での選択約款の導入	1995	大口供給（200万m³/年以上）の自由化 原料費調整制度の導入	1986	国鉄改革の一環として、鉄道事業法による一元的法制化 経営と所有の分離を認め、鉄道事業者を1種、2種、3種とする	1985	電電公社の民営化 電気通信事業法、NTT法の整備
2000	特高需要家（契約電力2000kW以上）での自由化 料金の引下げ等を認可制から届出制に移行	1999	100万m³/年以上の自由化 託送供給制度の法定化 規制部門の料金引き下げを認可制から届出制へ			1990	移動体通信部門の分離
2004	高圧需要家（契約電力500kW以上）での自由化					1996	長距離通信（競争市場）、地域通信の分離
2005	高圧需要家（契約電力50kW以上）での自由化 送配電等業務支援機関を創設 卸電力取引市場を整備	2004	50万m³/年以上の自由化 ガス導管事業の創設 託送供給制度の充実・強化	1999	事業の廃止を届出制にプライスキャップ制の導入（料金上限認可後は自由に料金設定可能）	1997	需給調整条項の廃止
2016	全面自由化（予定）	2006	10万m³/年以上の自由化 簡易な同時同量の導入			1999	NTT再編（東、西、ドコモ、コミュニケーションズ、データ）
2018-20	法的分離による送配電部門の中立性の一層の確保（予定） 小売料金の全面自由化（予定）	2017	全面自由化（予定）				
		2022	大手3社の導管別会社化（予定）				

fig. 1　公益事業（電力、ガス、鉄道、通信）の自由化の変遷

都市モデルの新しい潮流と公益事業の方向

日本の都市は、21世紀に入り、人口減少や少子高齢化、地球環境問題などのさまざまな課題に直面している。そうした背景を受けて、近年、2つの新しい都市モデルが注目されている。1つは、スプロールにより低密度、非効率となった都市構造を再編しようとするコンパクトシティ。もう1つは、ICTを活用して、エネルギー利用の効率化、災害に対する強靭化、利便性などの向上を図ろうとするスマートコミュニティ（スマートシティ）である。

まず、コンパクトシティは、人口や経済などが縮小する中で、拡散した都市機能を集約し、生活圏を再構築しつつ、行政コストの削減を図ろうとするものであり、国による支援政策や法整備が進められている。スクラップ＆ビルドや軌道系の都市交通システムが果たして必要なのか、といった課題はあるが、経済性に考慮しつつ、地域の特性に沿った縮小シナリオが必要なことは確かである。その際、行政サービス施設や居住施設などの建築物だけでなく、需要の変化に対応した交通システムやエネルギーなどの都市インフラの再編も必要となるだろう。

一方、スマートコミュニティは、ICTを用いて分散型電源や再生可能エネルギーを最適に制御する次世代型電力網として注目されたスマートグリッドに端を発し、サステナブルシティの流れと合わさって、環境負荷の低減や防災、交通、医療、行政サービスなど、QOLの向上や地域産業の活性化をも目指した都市である。各省庁ではスマートコミュニティ関連のさまざまな取り組みを行っており[7]、それらの支援を受けて、横浜市、豊田市、関西文化学術研究都市、北九州市、藤沢市、柏市などで大規模な実証実験が行われている。エネルギー分野に関する一般的なメニューとしては、エネルギーマネジメントシステムによる電力や熱の計量や制御、再生可能エネルギー（太陽光発電、バイオマスなど）や未利用エネルギー（廃棄物、河川水など）、コージェネレーションなどの導入による、環境負荷の低減や地域内の自立性、災害に対する強靭性の向上などがある。

また、近年、電気事業やガス事業、熱供給事業の自由化の動きに対応して[8]、総務省補助事業「分散型エネルギーインフラプロジェクト」を受けて、自治体や企業が地域エネルギー会社を設立し、地域内でエネルギー全般（電力や熱）の地産地消に取り組む構想や事例がある（fig.2）[9]。このモデルはドイツの「シュタットベルケ」であるが、自治体や民間による事業会社が900団体もあり、電力、ガス、熱供給のほか、上水道、交通、通信、公共施設の管理など、地域のさまざまな公益事業を行っている（fig.3）。日本では、電気事業も都市ガス事業も、各地域で生まれた小さな事業者が国の政策により統合されたのだが、いままた、エネルギー事業が地域単位に戻る動きと見ることもできる。業種別の事業者がそれぞれの市場で広域にサービスする縦割り型事業ではなく、地域に密着してさまざまな分野をカバーする地域エネルギー会社やシュタットベルケなどの横串型事業は、地域のパートナーとなる新たな公益事業の形となろう。

また、地域エネルギー会社（とくにシュタットベルケ）は、都市のスマート化とコンパクト化をつなぐ事業スキームにもなると考えられる。コンパクト化で生まれた非市街地の空地を、緑地だけではなく、太陽光発電やバイオマスなどの用地として利用し、電力線などの既存ネットワークインフラを活用することで、効率的にスマート化が可能と

fig. 2　みやまスマートエネルギー

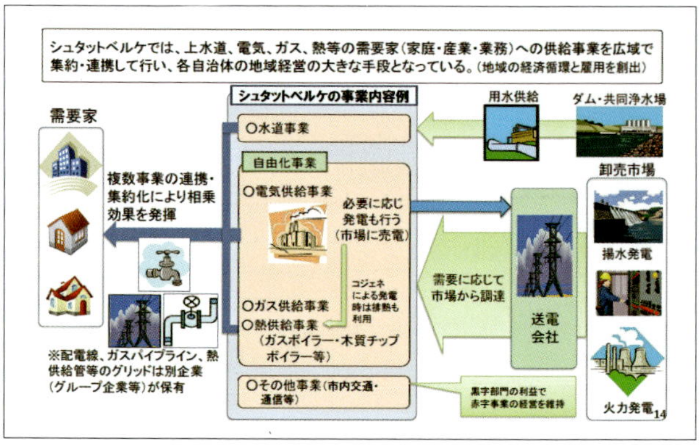

fig. 3　シュタットベルケ

なる。また、通信や交通をも包括的にカバーするような日本版シュタットベルケができれば、地域特性に応じた最適なコミュニケーションやモビリティのシステムを構築することも期待できる。

また、公共事業ではPPP（官民パートナーシップ）が導入され、公益事業には競争原理が導入される。一方、民間企業におけるCSRへの取り組みや市民によるNPOへの参加など公共的精神が生まれつつある。こうして公と民の境界が薄れていく成熟化社会では、「公共の場」は都市再生の重要なキーワードとなろう。

生活者視点の都市再生に向けて

現在、我が国では少子高齢化などに対応して、都市再生に向けた政策が進められている。国土交通省では都市再生整備計画事業を「地域住民の生活の質の向上と地域経済・社会の活性化を図る」ための制度としている。

果たして都市再生は可能なのだろうか。再生といえば、バブル期にウォーターフロント開発と銘打って、衰退した重工業地帯や港湾地域を再開発した地域経済の活性化をイメージさせる。しかし、人口減少に転じた現在の状況を見ると、経済のV字回復は考えにくい。かといって、衰退する都市を目の前にして、我々は手をこまねいているわけにはいかない。

都市再生では、本稿でみた地域エネルギーシステムのほか、多様なライフスタイルに対応した都市サービス、レジリエントな防災・減災機能、交通需要マネジメントなど、新しい社会に対応し、新しい技術を活用したメニューが考えられる。工業発展や高層建築技術が近代都市計画のバックグラウンドであったように、新しい都市の姿を描くうえで、社会や技術の進展は重要なファクターである。しかし、今後は、20世紀に描いたような成長を目指した都市ではなく、生活者の視点に立ったサステナブルな地域経済や社会で形成される都市像を提示する必要があるのではないか。

★1――一瀬智司、肥後和夫、大島国雄『公共企業論』（有斐閣、1977）
★2――公私混合企業に「第3セクター」があるが、これは公的組織の第1セクター、企業組織の第2セクターに対する表現である。しかし、第3セクターというのは、行政や企業とは異なる対等な新しい組織、すなわち市民社会の成熟に伴い生まれてきたNPOやNGOのことを指すべきであり、一般にいわれる第3セクターは、主務官庁への従属性から本来の意味の第3セクターではないという研究者もいる（瀬古一穂『朝日新聞』1999年11月27日）。
★3――Glaeser M. G. "Outlines of Public Utility Economics"
★4――藤田正一ほか『ネットワーク・ビジネスの新展開 公益事業入門』（八千代出版、2006）
★5――塩見英治『現代公益事業 ネットワーク産業の新展開』（有斐閣、2011年）
★6――都市施設のすべてが都市計画で定められるわけではない。一定規模以上の都市開発事業を行う場合、デベロッパーは、電気、都市ガス、上下水道、廃棄物処理、交通などのインフラについて、自治体やエネルギー事業者などと事前協議し開発許可を受けることとなっており、必要な場合は、開発事業者が負担金を支払ってインフラを整備することもある。
★7――スマートコミュニティ構想としては、総務省の「ICTスマートタウンプロジェクト」、経済産業省の「スマートコミュニティ」がある他、関連する構想として、国土交通省の「低炭素都市」、内閣府の「環境モデル都市」や「環境未来都市」がある。
★8――建物単体への電力・熱の供給は、エネルギー・サービス・プロバイダーとして、日本でも事業化されている。しかし、地域内の道路下に導管や電力線を敷設し、複数建物に電力や熱の供給を行おうとする場合は許認可が必要となる。熱を供給する場合は「地域熱供給事業」といい、電気事業や都市ガス事業と同様、熱供給事業法による許可を受ける。また、電気を供給する場合は「特定電気供給事業」として電気事業法による許可を受ける。
★9――すでに、みやまスマートエネルギー（株）（福岡県みやま市）、（株）とっとり市民電力（鳥取県鳥取市）、（一財）中之条電力が設立された。

ESSAY 4

景観と公共性

嘉名光市（大阪市立大学 准教授）

景観と公共性。堅苦しいテーマを取り上げるのだが、いかにわかりやすく、柔らかく書こうかとも考えてみたものの、あまりいい解決策が浮かばなかったので、いっそのこと、いきなり堅い法律の話から入ろうと思う。

2004年に我が国に景観法が制定されて11年が過ぎた。この法律には大きく3つの特徴があるように思う。1つめは景観とは価値ある共有財産であると示している点だ。同法第二条には良好な景観が国民共通の資産であると記されている。つまり、多くの建築物や山や川などの自然、道路などの公共施設をはじめ、複数の構成要素の総体として成立している共有物としての性質をもつ景観には、個々の私的な資産価値とは別の公共的価値があるということだ。また、景観＝資産であれば、ほかの資産と同じく維持管理などによる資産の質によってその価値は変化する。すなわち、景観には磨けばその価値は高まるし、守らねば喪失することもあるという側面があるということを示している。

2つめは行為の制限と呼ばれる、景観の形成に関わる行為（いわゆるルール）のかなりの部分を景観行政団体である地方自治体が自由に設定できることだ。一般的には、建築物の形態や意匠に関わる規制が、景観に関するルールと捉えられていることが多いが、当然ながらそれらを含みつつ、より多様な要素が対象になっている。なおかつ、地域の個性や特性によってもそのルールを自由に設定できるという点に特徴がある。通貨のように全国で同じ価値が流通することは考えておらず、各地のローカルルールにこそ意味がある。地域ごとに独自の価値を設定すればいいという考え方に立っている点も法律としてはユニークだ。

3つめは権力側からの押し付けではなく、ボトムアップで生まれた法であること。じつは景観に関しては、景観法が制定されるはるか前から、地方自治体が独自の条例を制定してその保全や形成に努めてきた歴史がある。わが国初の景観条例は1968年に金沢市が制定した伝統環境保存条例だとされる。つまり約半世紀の間、各地でさまざまな景観の価値を提示してきた積み重ねの結果として、定着したものであるということだ。相当の偏屈でなければ、現代社会において、景観に一定の価値があることはいまや共通認識として定着し、その価値をコントロールすることに意味があるという点において異論はないだろう。

しかし、各論になると話は別だ。ある場所で、ある建物の建築計画がもち上がる。建築家も与えられた条件のもとで渾身の提案をした。しかし、周囲の景観になじまないといった理由で大反対が起こることは少なからずありうる。最近だと新国立競技場計画が記憶に新しい。その論点のひとつに周囲の景観にそぐわないという主張もあった。建築をつくるにあたって景観論争は避けては通れない問題なのだ。

人の内面により風景はつくられる

景観の定義については、すでに数多くの研究者らによってなされている。ここでは中村良夫[★1]の定義を取り上げる。中村によれば、「景観とは人間をとりまく環境のながめにほかならない。しかし、それは単なる眺めではなく、環境に対する人間の評価と本質的な関わりがある」としている[★2]。

眺めとは、人が外的環境から受け取った情報が内的システムを経ることで成立する主観性の強い現象ということができる。まったく同じものを見ているのに、人によって

fig.1　エッフェル塔とパリの街並み

評価に違いが生じ、また、関心の及ぶところがまったく異なるということが景観では生じうる。

たとえば、いろんな人が山を眺めているとしよう。風景画家はそれを描写の対象として捉え、その構図の良し悪しに関心がいく。また、植物学者はそれを植物群の生育環境として捉え、山の手入れの状況や外来植物の影響、絶滅危惧種の保全などに興味が及ぶ。まったく同じものを見ているのに、まったく違うことを思うことが景観の特質のひとつだ。

景観に対して多くの人が誤解をしているのはこの点だ。景観＝見た目の問題であって、色彩や材料などをいじって小綺麗にすればよいという程度のことがよくいわれるが、それはまったくの的外れだ。観る側の解釈や評価を含むのが景観であり、見た目は人によって異なると考えるべきなのだ。

共有意識と時間が景観を醸成する

では、果たしてそんな主観性の強い現象に対し、なぜ公共性があると法律では規定するのか？という疑問が湧いてくる。公権力が強制する価値観の押し付けという危うさがあるのではないかとすら勘ぐってしまう。

我々は個人に帰属する主観をもつ一方で、他人や社会との共感や価値観を共有しているのも事実だ。歴史的街並みの魅力や、自然が織りなす風景など多くの人々がその価値に共感していなければ、後世に受け継がれる名所など生まれようもないのだ。つまり、さまざまな主観的評価に揉まれてもなお共有されるべき景観的価値については、公共性を帯びているものとすることができる。全ての景観に公共性があるわけではなく、多くの人々が賛意を示すものにその価値がある。

また、この公共性を帯びた景観は、未来永劫のものかといえば、そうでもない。時代によってもその価値は変化する。フランス革命100周年を記念して建設されたパリの象徴として知られるエッフェル塔は1889年に完成した。設計者はギュスターヴ・エッフェル。建設当初はパリで賛否両論の大景観論争が巻き起こった。そのシンボリックな形状や、構造体が露出したマッスな外観に対してさまざまな「主観」が飛び交った。しかし時は過ぎ、現代のパリにおいてエッフェル塔が醜悪な景観を晒していると批判する人は皆無だ。むしろパリを代表する景観として多くの人がその価値を認めている(fig.1)。

日本でも、2012年の東京スカイツリーの完成により、電波塔としての役割を失った1958年竣工の東京タワーは不要とされ、取り壊しの議論があった。しかし、東京とい

★1──景観工学の研究者、東京工業大学名誉教授。主な著書に、『風景学入門』(中央公論社、1982)など。
★2──中村良夫『土木工学体系13 景観論』(彰国社、1977)

う都市の生き様、日本の高度経済成長という歴史を語るうえで、東京タワーの景観は欠かせないという多くの人の声に推され、東京タワーは電波塔としてではなく、東京のシンボル、そして観光施設として存続することとなった。

また、近代には工場の煙突が林立する景観が都市発展の象徴として好意的に人々に受容された頃もあった。その後、公害問題や環境問題への意識の高まりとともに、工業景観はネガティブな存在に変容した。そして現代においては、幾何的機能的なテクノスケイプとしての評価、近代化遺産としての価値など、あらためてその評価は高まっている。いまの日本を生きる人々にとって、もはや工業景観はユニークか、懐かしき存在なのだ。

建築家と景観

これらのことからわかるのは、景観とはその当時の価値観や時間的経過によって、その価値が変化する性質をもつということである。景観が主観と切り離せない存在である以上、当然ともいえる。

そのことを建築にあてはめて考えてみると、施主の私的な存在であることが多い建築物も、時間の経過によってさまざまな主観が飛び交う段階を経て、次第に景観的価値が定着しはじめる。もちろん、良い評価が定着することもあり、悪い評価が定着することもあるだろう。そして、それはさらなる時間の経過によってさらに変化を遂げていく。街の顔となり、あるいは街並みを構成する要素となることもあるだろう。いずれにしても、時間の経過が進むにつれ、私的な財産である建築も景観としての公共性を纏いはじめる。

計画者や設計者は、ともすれば建築物の完成をゴールと考えがちだ。そして景観という問題に対しては、建築法規と同じように計画や設計を規定する一条件というスケールでしか捉えないことも多い。しかし、その姿勢ではじつは景観のもつ性質をまったく理解していないことになる。景観的価値は建築物の完成をもって生まれ、時間とともに変化し、次第に公共性を帯びていく存在なのだ。計画者や設計者はもとより、建築物を維持管理する人々、建築物の利用者あるいはその景観を日常的に目にする人々らにより、その後の時間の経過の中で育まれていくものなのだ。計画者、設計者のみが景観をつくるのではなく、社会と時間のなかで景観はその価値を形づくるのだ。

ひたすら諸室、コストや法規といった条件をパズルのように解いただけの建築、すなわち10年、20年で消え去るような消費財をひたすら再生産する道を志すのであれば、公共と景観などという大それたことは考えなくともよい。しかし、もし、50年後、100年後にも人々に愛され、共感を得ているような公共性のある景観を構成する建築をつくりたいと思うのであれば、街との関わり、社会との関わり、時間の変化など、より多面的な視点をもって目の前の仕事に向き合うべきだろう。景観をデザインするというのはそういうことなのだ。

建築とは私的な存在でもあり、公共的な存在でもある。街、社会、時間と接点をもち、その構成要素のひとつである。しかもそれは変化し育つ。そのことを含めて向き合って計画・設計するという姿勢が必要とされるのだ。社会との対話、できてからの使われ方、時間の経過によって生まれる景観的価値まで見据えた計画・設計をするにはどうあるべきか。そんな専門家を輩出するためには、職能の再定義を含めて考える必要があるように思うのだ。

ESSAY 5

都市はいかに変容するのか
「共界」における「公共＝私共」

松本 裕（大阪産業大学 准教授）

人類の歴史を「長期」「中期」「短期」の3つの時間の重層構造として捉えたのは、歴史学の巨人フェルナン・ブローデルであった。

「アナール学派」の金字塔となった著作『地中海』（初版1949、改訂版1966刊行）において、この3つの層／持続は以下のように説明されている。まず、「長期持続」とは、数世紀に及ぶ長い時間のなかでほとんど変化せず、ゆっくりと流れ絶えず循環しているような、人間と地理的環境との関係の歴史である。それは地中海全体に喩えられる。次いで、「中期持続」とは、この動かない歴史のうえに生じる緩慢なリズムをもつ地中海の潮流のような景況にあたる。数十年から一世紀単位でのさまざまな人間集団の社会史を指し、人口動態、国家、戦争など経済的指標と相関する変動局面の歴史である。最後に、「短期持続」とは、数カ月とか数年単位の短い時間で起こる個人的あるいは政治的な事件であり、地中海表面のさざ波のように一回限りの出来事の歴史である。

ブローデルの分類にならえば、今期（2013-15）の京都建築スクールのテーマ「40年後の都市」は、「中期持続」に相当する。ここ約40年間の日本を顧みると、ある意味で減縮と危機の時代であった。戦後復興から連なる高度経済成長の峠を過ぎ、バブル景気（1986-91）という文字通り短期持続のあぶくは立ったものの、総じて少子高齢化と産業の空洞化が進み、自然災害とテロの脅威に直面した時期として位置づけられよう。学生たちの提案にもこうした問題意識が共有されていたように思われる。他方、新しい展開としては、1995年頃からインターネットを介して瞬時に世界との接続が可能になり、国境（国の際）を前提とする「インターナショナル」から全地球規模の「グローバル」へとパラダイム転換が起こったことを指摘できる。

都市に関していえば、この40年間は、東京五輪（1964）から大阪万博（1970）にかけての急速な都市基盤整備が一段落し、成熟・衰退期へと移っていく時代にあたる。その間の出来事でとくに画期的であったのは、1960年代後半から80年代にかけて、ヨーロッパを中心に、それまでの画一的な近代主義的都市計画に対する反省から、景観の保全や歴史的な都市・建築の保存・再生が大きなテーマとなり、日本にも広がっていったことである。「都市組織〈urban tissue〉」という考え方は、かかる動向のなかで生み出されたものである。

そうした都市ストックの保存・再生問題がいちはやく表出した歴史都市パリを事例に、都市組織が何であるのかを見ていきたい。それにより、「公共」のあり方や「公–私」の関係性を展望する一助となればと思う。

所有境界としての地割と都市組織

都市組織とは、都市を生きた有機体として捉えようとする概念である。都市組織研究は、イタリアのムラトーリ学派によるヴェネチア調査が嚆矢とされる。彼らは、有機体（各部分が相互関係をもつような総体）としての都市分析のために、その構成単位である建築を分類的に見た「建築類型」と、建築、地割、ブロック形態、道、オープン・スペースなどが構成する「都市組織」との2つの次元を設定したと陣内秀信は述べている。この方法論は、ルネサンス美術史家アンドレ・シャステルらの著書『都市建築のシステム—パリのレ・アール地区』（1977）を通じてフランスに導入された。とくに、都市組織の諸要素のうち地割に焦点があてられ、「地割は人が導入した最も小さな共通因

子であり、そこでは、土地の歴史を形作る法的、社会的、経済的要素が再発見され、農業や居住形態の諸経験が受け継がれている。都市組織における地割の歴史的分析は場所と建築、建築と機能との間のつながりを明らかにする手段である」と定義された。

フランス革命以降、基本的に土地の絶対所有が認められ、徴税単位としての地割は所有境界としての意味を強く帯びることとなった。地割は一筆ごとに地籍図に登録されてきたが、三角測量に基づく正確な地籍図が最初に作成されたのは、1807年9月15日の法律に基づく「ナポレオン地籍図」とされる。それ以降、順次更新された地籍図はオスマンの大改造をはじまりとして連綿と続くパリの近現代都市計画の基礎資料となってきた。

ブローデルの分析に照らせば、地割を基盤とする都市組織は、都市に刻み込まれた「持続」の痕跡と捉えられる。ブローデルは、とくに長期持続に人間の意志決定や振る舞いに働きかける「恒常的な力」=「構造」=「重心」を看取しており、都市組織はそうした都市の構成原理に通じるものと考えられる。

それでは、パリの都市組織とはいったいどのようなものなのか。その動態を追ってみよう。

パリの近代化と都市拡張 そして都心回帰へ

産業革命により動力が開発され、19世紀には都市へ人口が集中した。その結果、軍事・衛生・交通といった都市問題が深刻化し、中世都市から近代都市への変容を余儀なくされ、セーヌ県知事オスマンによるパリ大改造が実施された。この事業を推進するために導入されたのが土地の超過収用であった。それは、開設道路計画線の外側に残った細かな地片(私有残地)をパリ市(公的事業主)が収用・併合し、新設道路沿いに十分に広い地割として再編・分譲することで土地の増価を生み出す仕組みである。実際には、土地収用の権利調整だけでかなりの年月が費やされ、地代上昇を見込んだ無理な資金繰りは頓挫し、オスマン失脚の一因となった。しかし、道路開設を核とする線的な施策(外科手術に喩えられる)が結果的に既存の都市組織を縁取り面的に保存するよう作用し、都市組織のさらなる重層化に寄与している。

こうしてパリ市街が近代化した後、20世紀に入ると、新たな土地を求めて、郊外や地域圏へと都市拡張政策が展開された。同時に市内では整備格差が拡大していった。20世紀半ばには、パリ市内にモンパルナス・タワーなどの高層ビル建設や横長の棒状近代建築が建設され都市組織の混乱を招いた。こうして近代主義的な計画への反省と見直し、既存の都市組織間の関係性回復への機運が高まり、1967年にはAPUR(パリ都市計画アトリエ)が設置され、POS(土地占有プラン)やZAC(協議整備区域)といった都市に関する制度も相次いで定められた。

ZAC計画は、パリ市内の開発格差を是正し職住混在型街区を整備する試みである。それゆえ、1980年代の記念碑的な国家事業「グラン・プロジェ」に比べ居住環境の整備に主眼が置かれている。また、パリ郊外の新都市建設や田園都市計画と異なり、既存の都市組織との連続性が重要な課題となった。

稠密なパリ市内部では、ZAC計画の敷地は、近代都市計画を通じて整備されたインフラ(鉄道、道路、工場など)を解体・再活用することにより、その跡地や上空地に

創出された。したがって、オスマン大改造時のように土地所有関係の調整よりも、まちづくりの理念や景観に関する協議調整のプロセスが主題となり、アーキテクト・コーディネータ制度も導入された。こうして、パリ市によるZAC制定→PAZ（区域整備プラン）立案→その諸影響の検証作業や意見聴取を通じたPAZの修正と空間的展開→最終的な実施という各過程において、トップダウンとボトムアップの相互調整が図られ、新しい都市組織へと再編されている。

パリにおける都市組織の重層化とグランン・パリへの展開

歴史都市パリの再開発では、既存の都市組織の存在が前提となる。その際には、「私と私」の所有権の調整（しばしば境界壁が担う）以上に、「公と私」の交わるところ（道路やファサードなど）、つまり「公共の利益」と「私的な権利」が相反しながら交錯する閾である「共界」における「公共の場」（それは同時に「私共の場」でもありうる）をいかに再編するかが問われてきた。

その点で、ZACにおいてクリスチャン・ド・ポルツァンパルクが提唱する「開かれた街区」は象徴的である。彼は、計画理念を3つの時代区分における都市組織の差異として説明している。

Age1. 典型的なオスマン型街区。規則的な道路壁面線と中庭による構成。

Age2. ル・コルビュジエに代表される近代主義的な都市空間。高層建築と広場による「合理的敷地割」の構成。

Age3. 開かれた街区。公／私の境界が不規則で自由度が高い構成。

Age1と2を共に規則的構成として批判し、Age3を推奨しているのであるが、同様の構図が、ポルツァンパルクの「グラン・パリ」計画（2030年完成目途、約40年間に及ぶ長期計画）においても敷衍されている。つまり、Age1は同心円状に発展したパリのような歴史都市であり、Age2はパリと周辺衛星都市の関係のように、おのおのがAge1型の中心を内包しつつ、パリというより求心性の高い都市に依存する構成である。これらに対して、Age3の開かれた街区に相当する都市像は、固定的な中心をもたず全世界的にリゾーム状にネットワーク化された可変型都市である。これは、IT技術の進歩を背景に、「電子の海」で短期間に広範囲に波及する都市の姿であり、ブローデルがあまり重要視しなかった「短期持続」に新たな価値を与える提案である。

おわりに

世界でも有数の美しさを誇るパリ。オスマンのつくった統一感のある街並みに目がいきがちだが、歴史を注視すればその重層性に気づく。年輪のように拡張してきた城塞、パサージュ、19世紀のパリ大改造、グラン・プロジェ、ZAC計画など、あらゆる主体が交錯して築き上げたのが現在のパリなのである。

本稿で見たように、パリの都市形成の主体は、他都市と同様にトップダウンからボトムアップへ、公から民へと重心がシフトしてきている。しかしその変化は、近代主義的都市計画がトップダウンで強力に推し進められた結果、既存の都市組織から隔離した画一的な街並みを生ん

だこ とに対する是正であって、全権をボトムへ譲るものではない。むしろ、先述のように本質的には相反する公と民が本音を交えて協議を重ね、少しでも良き都市をめざして共同しようとする態度である。都市の問題は、形成のプロセスや風土の違いが大きいため、安易に他都市へ投射することはできないが、これは現代の日本の都市計画や街づくりにおいても再考すべき問題であると考える。我が国では、資金難の問題もあり、民間主導にあまりにも頼りすぎており、ボトムアップ型コミュニティの萌芽を過信しているように思う。

こうした問題に対して、ZACという現代の方法は、ここ40年間にパリで試みられた一つの回答ではある。しかし、過去に行われたいずれの都市形成方法についても単純な優劣を下すことはできない（たとえそれが強烈なトップダウン的手法だったとしても）。むしろそれらの積み重ねにより現在の都市が存在している事実を直視し、それがどういった特質をもっているのか（都市組織の重層の仕方）を、資料に基づき先入観なく調べ位置づけることが研究者としての態度だと考える。

しかしながら、そうした前提を踏まえつつ、最後に多少の私見を述べておきたい。それは、オスマンからZACまで、環境や主体が変わりつつも、変わらずに重要なことは「こうした街にしたい」という志向なのではないだろうか、ということである。「志向」は「ヴィジョン」と言い換えてもよい。明確なヴィジョンをもたずしてつくられる制度が、結果的にいい都市をつくってしまった、なんてことはほぼ皆無であろう。ヴィジョンを掲げ、協議を重ね、「公−私」の「利益−権利」を調整し、計画や制度へ落とし込む。そうしたプロセスの鍛錬こそが、京都建築スクールの第2フェーズで目指したものだったのではないだろうか。その際、ヴィジョンの核心には、ブローデルの提唱した「中期持続」と「長期持続」の視点が不可欠であり、より広範に多くの他者の存在を想定した都市を捉えることが重要だと考え、京都建築スクールの前フェーズで浮上した「隙間・縁側コミュニティ論」への対照案となることを意識した。

[参考文献]
1. 松本裕「パリにおける住環境と『都市組織』──第二次大戦後の東部地域再開発から現代ZACへの展開」（中野隆生編『二十世紀の都市と住宅』、山川出版社、2015）
2. 松本裕「〈ポスト・オスマン〉期のパリ都市空間形成──レオミュール通りにおける都市組織の変遷をめぐって」（鈴木博之・石山修武、伊藤毅、山岸常人編『シリーズ 都市・建築・歴史 第6巻──都市文化の成熟』東京大学出版会、2006）
3. 松本裕「残されし基礎・敷地と所有システムの行方」（日本建築学会『建築雑誌』第127集・第1631号、2012/4、p.36-37）

ESSAY 6

都市への〈責任＝応答可能性〉

文山達昭（京都市都市計画局）

都市と公共

〈公共〉とは、都市の基底を成すもののひとつである。京都建築スクールの過去2回のテーマであった〈商業〉や〈居住〉も都市にとってなくてはならないものだが、それらは都市ではなくとも成り立ちうる。しかし、公共は都市と切っても切り離せない。古代から今日にいたるまで数多の公共論が都市についての考察を通して綴られてきたことを思えば、それは都市とともに成立してきた概念であるともいえる。

たとえば、近年の公共論では、公開性（openness）、複数性（plurality）、包摂性（inclusivity）、共有性（commonality）といった概念装置が多く用いられるが、これらのことごとくは、（理想とされる）都市の本質を言い表すものでもあるだろう。誰もが排除されることなく、すべての人びとにとって開かれたものであること。異質で多様な価値が単一性に回収・抑圧されることなく混淆的に存在していること。そして、そうはありながらも、人びとや物事の間で空間や時間が共有されていること――。

都市における公共の場を考えることは、街路や公園などのミクロな公（共）的施設にとどまらず、都市そのもののあり方を問うことでもある★1。

〈間〉としての都市空間

世界に共に生きるということは、ちょうどテーブルがその周りに席を占める人びととの間にあるように、物事からなる世界がそれを共有する人びととの間にあるということを本質的に意味している。世界はあらゆる〈間〉（in-between）がそうであるように、人びとを関係づけると同時に切り離す〈間〉である。★2

これは、ハンナ・アーレントが公共性について記した有名な一節である。世界＝公共空間はあらかじめ用意されているわけではない。人びとが席につくことによってはじめて、その間にあるテーブルが意味をもつように、それは人びとが相互に関係しあうところ、人びとの〈間〉に／として、立ち現れる空間である。そうして現れた空間はまた、同じくテーブルがそうであるように、人びとの関係を規定するものにもなる。そして、そのような世界では、個人は他者の呼びかけに対して応答する義務をもつとともに、他者によって受けとめられ応答を返される権利を有するともアーレントはいう。

「世界」を「都市」に置き換えてみれば、この一節は、都市空間のあり方を考えるうえで、ひとつの示唆、視座を与えてくれはしないだろうか。

いささか図式的な捉え方をすれば、都市の全体はマッスとヴォイドによって構成されており、マッスの大部分は建築が、ヴォイドの多くは街路などの公（共）的施設が占める。私たちが身体的に経験する都市空間は、まさにそれら個々の建築や施設が集合し関係しあう〈間〉にこそあるといえるのではないか。それらの関係が多様で豊かであるほど、その〈間〉に／として、立ち現れる都市空間もまた豊かなものになるだろう。

だが、今日のこの国の都市を眺め渡せば、それらの間でそのような関係が築けているとは言い難い。個々の建築は互いに無関係に、ときには周囲を威圧するようにして立ち並び、建築と公（共）的施設の間には見えない壁があるように内側に向かって互いの領域を主張しあっている。

★1──公（共）的空間と括弧付きで記したのは、そこにもさまざまな論点がありうるからである。たとえば、街路や公園については、制度や管理に絡めとられた単なる公的空間に過ぎないという批判が古くからあるが、その一方で、近年、規制緩和のもと、それらを市場に開放し〈活性化〉を図ろうとする取組が各地で行われている。また、ショッピング・モールのような消費空間を公共的なものとして肯定的に捉える議論もある。これらは新しい公共空間の出現として歓迎すべきものなのか、それとも、公共的なものが私的なものに侵蝕され、あるいは単に偽装されているとみるべきか。公共の場を考えるうえでは、これら個々の空間が都市にもたらす意味・意義についても十分に吟味されなければならないだろう。
★2──ハンナ・アレント『人間の条件』（志水速雄訳、筑摩書房、1994、p.78-79）
★3──齋藤純一『公共性』（岩波書店、2000、p.75）。なお、★2および★5の引用部分については、本書に記された齋藤訳のものを採用している。
★4──高橋哲哉『戦後責任論』（講談社、1999）などを参照のこと。
★5──ハンナ・アーレント『暗い時代の人間性について』（仲正昌樹訳、情況出版、2002、p.7-8）

応答する義務／される権利が、そこでは放棄されてしまっているかのようである。

このような状況に対し、そのためにこそ個々の関係を調停・調整する法規や都市計画などの制度があるのではないかという指摘もありうるだろう。だが、それらに基づきつくられる関係は制度に媒介されたものに過ぎず、個が互いに直接の応答責任を負うわけではない。アーレントの訳者でもある齋藤純一がいうように「責任は集合化・抽象化され、その集合的責任は国家（ここでは制度がそれに当たる：筆者註）に対する義務へと翻訳される」★3。そのような、いわば垂直的かつ一方向的な関係性のみによってつくられる〈間〉に、冒頭に述べたような公共性を支える空間が立ち現れるとは思い難い。

応答可能性としての責任

建築、公（共）的施設などの都市を構成する諸要素の集積が、物やミクロな空間の単なる総和ではなく、ひとつのまとまりのある都市空間として立ち現れるためには、それぞれがそれぞれの立場において、アーレントのいうような応答する義務／される権利から成る責任を果たさなければならない。そして、制度は、それらによる水平的な関係性を途絶するのではなく、むしろ創発するようなものとしてあるべきだろう。

責任というと、いかにも重苦しく聴こえるかもしれない。では、それを応答可能性と捉えてみてはどうだろうか。「応答可能性（response + ability）としての責任（responsibility）」とは哲学者の高橋哲哉が提唱する概念である★4。私たちは日々の生活の中で人や物を含めた他者からの無数の呼びかけを受け取りながら暮らしている。それらの声に応答すべく、自らを外部へと開くこと。他者と共に社会を生きるうえで、そのような応答可能性に立脚した態度をとり続けることが私たちの果たすべき責任であると高橋はいう。

都市において、個々の建築や施設、ひいてはそれらのつくり手・担い手に求められるのは、まさにそのような応答する／される可能性を肯定的に持つことであろう。それは空間に対してだけでない。時間すなわち過去＝歴史や未来に対しても同じである。そして、都市社会学がいうように、空間が社会を規定し、社会が空間を規定するという前提に立つならば、そうしてつくられる空間こそが、その全体が公共空間である都市に相応しいものとなろう。

最後に、再びアーレントの言葉を引用することで、この文章を締めくくりたい。アーレントは、同時代の世界と個人をめぐって、自由という名のもと個人が世界に対する自らの責任を放棄する状況を批判し、次のように述べている。

世界から身を退くことは個人には害になるとは限りません。［……］しかし一人撤退するごとに、世界にとっては、ほとんどこれだと証明できるほどの損失が生じます。失われるものとは、この個人とその同輩たちとの間に形成されえたはずの、特定の、通常は代替不可能な〈間〉なのです★5。

SPECIAL PRESENTATION

公共の場を再生する

ヒューリック

CASE 01
旧福井中学校跡地活用事業（2013年2月竣工）

本プロジェクトは、JR総武線浅草橋駅から徒歩1分の場所に位置する台東区保有の福井中学校跡地に、オフィスと台東区指定施設の複合施設をつくることで、敷地の有効活用を図ったものである。誘客・来客施設の整備によるにぎわい創出、産業の振興などの地域活性化を民間活力により行うことを目的として、2010年に台東区がプロポーザルを実施。優先交渉権者としてヒューリックを代表企業とするグループが選出された。

既存外観

▶▶ **事業スキーム**

台東区が保有する旧福井中学校跡地に、50年の定期借地権を設定し、ヒューリックが自己負担により施設を建設した。用途構成としては、上層部をオフィス、低層部を台東区指定の公益施設とした複合ビルである。ヒューリックは施設を一般テナントに賃貸し、そこから賃料収入を得る。台東区はヒューリックから毎年地代収入を得る。また、施設の一部を台東区指定の施設とすることを要件としているため、自己負担なしで地域ににぎわいをもたらす施設を建築することができた。施設の運営についても、民間事業者が大部分の運営リスクをとる形になっている。

本プロジェクトは台東区が自ら指定施設を建設する場合と比較して、約48億円の経済効果を見込んでいる。

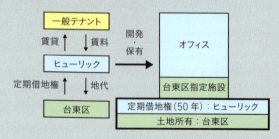

▶▶ **地域のにぎわい創出と活性化**

地上1階は、浅草橋の新しい拠点にふさわしく多彩な顔をもつものとした。

法政大学地域研究センターは、台東区から委託を受けて「中小企業総合コンサルティングネットワーク事業」を展開している。具体的には、地域の中小企業、商店街、NPOと学生、教員が共同してさまざまな地域問題の解決に取り組む活動である。地域の産業振興に大きな役割を果たすことを期待し、誘致した（現在は退去し、貸会議室となっている）。

その他の誘客機能として、レンタサイクル、商業施設、ギャラリー、区内産業・観光情報センターを整備するとともに、これらの施設へ人を呼び込む仕掛けとして、駅に面した南側に2つの広場を設け、地域ににぎわいと潤いを提供している。

地上部と階段で結ばれる2階には約500m^{2}の多目的ホール、3階には約84–195m^{2}の多目的ルームを5室用意した。さまざまなイベントなどを開催することで、従来の浅草橋エリアになかったにぎわいを創出することを目指している。

4階以上の上層賃貸オフィスは、駅徒歩1分の利便性でありながら、300坪以上の専有面積をもち、最新設備を導入した、地域No.1のオフィスとした。ここの就業者は、近隣の飲食店利用など地域に多大な波及効果をもたらすことが予測される。

これらの施策による新規の年間集客人数は、80万人と見込まれている。

▶▶ **地域の顔となる施設づくり**

周辺環境との調和については総合設計制度の活用により色彩や風環境に配慮し、既存の街並みに開放的で安全な歩行者空間を提供している。外装デザインは隈研吾建築都市設計事務所が手がけており、木の優しい風合いを活かし「和」の要素を取り入れた様式は伝統ある街の景観と、ビジネス拠点としてのモダンな都市性が融合された意匠である。

建設段階も含め、さまざまな省エネルギー技術を駆使し環境負荷の軽減に積極的に取り組むとともに、巨大地震に強い制震構造やパブリックスペースなど、地域防災の要となる設備も備え、まさしく「地域の顔」となる施設づくりを行った。

外観

エントランス

オフィス エントランス

2階階段上よりエントランスを見返す

1階平面図＋配置図

フロア構成図

CASE 02
奈良県養徳学舎整備事業（2010年10月竣工）

東京メトロ丸ノ内線茗荷谷駅から徒歩5分の場所に、奈良県保有の学生寮（養徳学舎）があった。本プロジェクトは寮の建て替えと賃貸マンションの建設により、敷地の有効活用した一例である。1958年の建設から築50年以上が経過していた既存建物は、老朽化が進行し、新耐震基準にも未対応であったことから、建て替えが求められていた。厳しい財政状況を背景に、奈良県は養徳学舎の建て替えについて2008年に公募型プロポーザルを実施し、ヒューリックを代表企業とするグループが優先交渉権者として選定された。

既存外観

▶▶ 事業スキーム
奈良県が所有する当該敷地の一部を、50年間の定期借地契約によりヒューリックが賃借し、そこに賃貸マンションを建設した。ヒューリックは、賃貸マンションの運営により得られた収益の一部を地代に充て、奈良県は地代収入により数十年に渡って安定した収入を得ることができる。また、ヒューリックが奈良県に支払う定期借地権の権利金の一部と、学生寮の建て替えに必要な資金を相殺することにより、奈良県は自己負担なしで学舎の建て替えを実現した。奈良県が単独で養徳学舎の建て替え事業を行う場合に比べて、本プロジェクトは奈良県に約8億円の経済的メリットをもたらしていると見込んでいる。

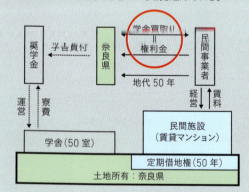

▶▶ 土地の利用方針
当プロジェクトは、養徳学舎の生活環境と資産価値の最大化を目的として計画し、以下の3点を事業コンセプトとした。

1. 歴史ある養徳学舎の継承と次世代につながる新たな学舎の創設。
2. 緑と静寂の魅力ある住環境の創造。
3. 快適・安全・安心を重視した学び舎としての環境の構築。

民間施設（賃貸マンション）との敷地分割は、学舎用地を優先し、学舎の将来計画の妨げにならない条件設定とした。学舎用地を条件のいい西側道路沿いに設定し、民間施設は路地状敷地として不利な条件を克服し土地を有効に活用する計画とした。建物の配置計画では、スカイラインの急激な変化を抑え、採光、通風などに配慮することで良好な市街地環境の確保を図っている。主要な寮室を採光、通風に優れた前面道路＋線路敷き（丸ノ内線）に面して集約し、民間施設との見合いは最小限とする平面計画とした。また、民間施設が及ぼす日影は学舎建物にほとんど影響しないよう配慮されている。

▶▶ 養徳学舎施設計画
学舎施設の計画は、学舎としての快適な住空間を演出するための耐久性、保全性、柔軟性を重視したものとしている。主要な共用室を地階と1階に集約する明解なゾーニングにより、共用室と寮室との動線的交差を排除した。自炊コーナーは、学生同士のコミュニティが形成されるようカウンター式のオープンキッチンとしている。寮室は中廊下形式の無駄のない合理的な配置とし、各階の共用部はセンターコア配置とすることで、動線が短く利用しやすいよう計画した。プライバシーにも十分に配慮し、階段、EV、トイレ、洗面などのコアは民間施設側に集約し見合いを排除している。屋上はゆとりある広場となっており、多目的な利用が可能である。

環境配慮の面では、屋上緑化とインバーター制御対応の加圧給水ポンプを採用。食堂では省エネルギー対応空冷パッケージエアコンの設置と全熱交換型換気扇を採用するなど、省エネ対策を積極的に取り入れた。

▶▶ 民間施設用途の選定
養徳学舎との共生、周辺地域との調和という基本理念と、長期の安定した賃料収入という視点から、民間施設としては賃貸マンションを選定した。

十分な空地を取り互いの干渉を軽減すると同時に、緑豊かな潤いのある生活環境を創出している。運営方法としては、マンション運営業者への長期サブリース方式を採用し、事業の安定性を確保した。単身者からファミリーまで幅広く住まえる住戸の構成とすることで、「人々の生活がにじみ出るようなまちづくり」を目指している。

外観

マンション エントランス

養徳学舎 エントランス

養徳学舎 食堂

1階平面図+配置図

CASE 03
永田町ほっかいどうスクエア（2013年8月竣工）

首都圏における北海道の総合窓口となる北海道東京事務所。東京メトロ永田町駅から徒歩3分、赤坂見附駅、国会議事堂前駅から徒歩7分など、6路線が利用可能な交通の便のいい立地に位置している。この建物の老朽化に対応するとともに、敷地の有効利用を図るため、複合施設へと建替えを行ったのが本プロジェクトである。土地の所有者である北海道は「北海道東京事務所用地有効活用事業」の公募型プロポーザルを実施し、結果、ヒューリックを代表企業とするグループが2011年8月に優先交渉権者に選定。同年10月に北海道と基本協定を締結した。

既存外観

▶▶ 事業スキーム

北海道が保有する当該敷地に、70年の定期借地権契約を設定し、ヒューリック他2社が複合ビルを建設し、共有している。ヒューリック他2社は、ビルを一般テナントに賃貸し、そこから賃料収入を得る。北海道東京事務所は、賃料を支払うことなくビルに入居でき、さらに北海道は毎年安定した地代収入を得ることができる。また、ヒューリックを除く2社の民間企業は、北海道の企業であり、北海道への経済効果も期待できる。

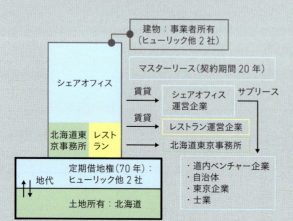

▶▶ 北海道に貢献する施設計画

2階から7階の上層部は、シェアオフィスとしており、2階が共用スペースと自治体が短期に利用できる執務スペース、3階から上が一般の執務スペースとなっている。シェアオフィス運営企業は、入居企業に対して厳格な審査を行っており、北海道庁が安心できる入居企業となっている。入居企業は、金融支援相談、法律・会計のアドバイスを受けることができる上、経営セミナーや勉強会、企業間の異業種交流会を定期的に実施し、ビジネスの可能性を広げることができる。

道内企業へは別途手厚いサポートを行っている。施設の紹介は、北海道中小企業総合支援センターなどと連携しており、道内企業はシェアオフィスに優先的に入居できるとともに、応接室や会議室の無料利用チケットが配布される。また、地元の銀行や信用金庫と連携し、企業の誘致や企業への融資紹介などを行っている。道内自治体は、施設を短期利用・共同利用することができる。

1階には北海道料理を堪能できるレストランを誘致した。運営企業は、北海道のさまざまな地域と連携し、食材の発掘や料理の開発を行うことで、食を通して北海道の魅力を発信している。周辺相場と比較しても割安な賃料設定とすることで、長期の営業を実現させる配慮をしている。

再入居となる北海道東京事務所は、建物の顔であり最もアクセスが良い1階に配置した。バリアフリーに配慮した専用のエントランスをつくり、地下1階の駐車場からは雨に濡れずに直接アクセスすることができる。北海道東京事務所の職員は、会議室や応接室などのシェアオフィスの施設も利用できる。

屋上庭園は、眺めも良く気持ちの良い憩いの場としており、1階のレストランからデリバリーを受け、パーティを行うことも可能となっている。

▶▶ 100年建築

永田町という土地柄、格調高い縦貴重のシンプルなデザインとした。外装の縦リブ状のコンクリートは日射を遮蔽する役目を果たしている。低層部については北海道庁旧本庁舎をイメージしたレンガをメインにエントランス周りには石を用いるなど、素材感を感じられる仕上げ材を多数採用した。内装についても、外装と同様シンプルで落ち着いた色調とし、快適な執務空間としている。

構造面では、免震構造（地下1階柱頭免震）を採用し、免震装置と鋼製ダンパーを組み合わせることでSグレード相当の耐震性能を実現している。また、全館LED照明、自然採光ルーバー、自然通風が可能な縦すべり出し窓、備蓄倉庫、Low-Eペアガラス、非常用発電機（72時間対応）、雨水利用、屋上緑化などを導入し、積極的な環境配慮を行っている。

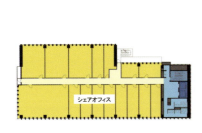
3階

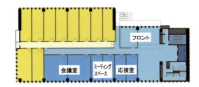
2階

1階

各階平面図

外観

シェアオフィス フロント

屋上庭園

シェアオフィス 内観

北海道東京事務所 エントランス

127

ヒューリックと公共の場の再編
PPP事業への取り組み

浦谷健史（ヒューリック 開発推進部長）

日本国内には国や地方公共団体が所有する膨大な量の不動産（公共施設、公有地）が存在する。その多くは、道路、橋、鉄道、公園、学校、庁舎といった必要不可欠で純粋な公共施設であるが、われわれ民間の事業会社から見るときわめて非効率ないわゆる箱モノ公共施設はいたるところに散見される。と同時にその立地性という観点ではきわめて魅力的であり、いってみれば、「もったいない」不動産が数多く存在する。地方都市の老朽化した庁舎は町の中心地に位置し、利用者も少なくなり、廃校になった小中学校は良好な市街地に位置し、長年地域の文化・教育の拠点となってきたものが多い。このような不動産が、公共財産であるがために、市民の意向調整が進んでいない、公共団体の財政不足、といった理由で遊休・低未利用なまま放置されている状態に対して、われわれ民間のノウハウと資金によって有効活用提案ができないか、といったことがヒューリックのPPP事業である。今回この京都建築スクールでは「公共の場」というテーマとなった。この「公共の場」という表現にはさまざまな定義があると思うが、ここでは、ヒューリックにおける公共施設整備への取り組みについて触れることにする。

公共施設の現状と課題

日本の社会ストックはその多くが高度経済成長期に整備されており、今後急速に老朽化が進んでいくと予想される。国土交通省の資料によると、2009年から2029年の間に築50年以上の社会資本の割合はあらゆる分野において急増している（fig.1）。また同省の推計によると、これらの施設の維持管理・更新費は、今後の公共投資額が伸びないなかで今まで通りの対応をした場合、2010年で総投資額の約50％が維持管理・更新費であったのに対し、2037年時点で総投資額を上回り、2060年までの50年間に更新できない社会資本が約30兆円と試算されている（fig.2）。また、これらの施設は建設当時の人口増加社会のもとで整備されたものであるため、昨今の少子高齢化や人口減少社会のなかでは市民ニーズに合致しないものも増えている。

一方、地方分権の推進、少子高齢化の進展、行財政改革の必要性から1999年以降「平成の大合併」が推進された。合併特例債の交付や地方交付税の削減などにより、市町村数は1999年の3,232から2011年には1,724へと激減した。これにより2008年に実施されたアンケートによると、67.6％の自治体が公共施設の余裕空間をもっていると回答している。安易な公共施設整備は逆に将来世代に負の遺産を残す可能性がある。フルセット主義で施設整備するのではなく、広域連携で施設の所有・利用を考えることが重要である。このように、社会ストックの整備・更新費用の確保は非常に重要で切実な問題であるとともに、これからの公共施設整備には、公共施設マネジメントの視点が必要である。

民間企業の不動産への意識の変化

1990年以降、世界経済はそれ以前のインフレを前提とした経済からデフレを前提とした経済に大きく変換した。東西冷戦の終結による世界的な供給過多が原因と思われる、このような資産デフレの状況下で、ビジネスの価値観も「所有」から「利用」へと変化している。自動車のカーシェアリング、コンピューターのクラウド、収益還元法による不動産評価、顧客重視での商品開発などのトレンドがその変化を表している。また、「不動産は値下がりしない」という土地神話がバブルとともにはじけ、2003年からは減損会計が導入され、耐震化・アスベスト・土

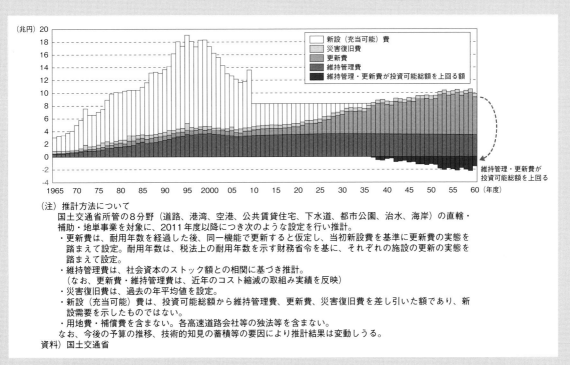

	2009年度	2019年度	2029年度
道路橋	約8%	約25%	約51%
河川管理施設（水門等）	約11%	約25%	約51%
下水道管きょ	約3%	約7%	約22%
港湾岸壁	約5%	約19%	約48%

資料）国土交通省

fig.1 建設後50年以上経過する社会資本の割合（出典：国土交通省「平成21年度 国土交通白書」）

（注）推計方法について
　　国土交通省所管の8分野（道路、港湾、空港、公共賃貸住宅、下水道、都市公園、治水、海岸）の直轄・補助・地単事業を対象に、2011年度以降につき次のような設定を行い推計。
・更新費は、耐用年数を経過した後、同一機能で更新すると仮定し、当初新設費を基準に更新費の実態を踏まえて設定。耐用年数は、税法上の耐用年数を示す財務省令を基に、それぞれの施設の更新の実態を踏まえて設定。
・維持管理費は、社会資本のストック額との相関に基づき推計。
　（なお、更新費・維持管理費は、近年のコスト縮減の取組み実績を反映）
・災害復旧費は、過去の年平均値を設定。
・新設（充当可能）費は、投資可能総額から維持管理費、更新費、災害復旧費を差し引いた額であり、新設需要を示したものではない。
・用地費・補償費を含まない。各高速道路会社等の独法等を含まない。
なお、今後の予算の推移、技術的知見の蓄積等の要因により推計結果は変動しうる。
資料）国土交通省

fig.2 維持管理・更新費の推計（出典：国土交通省「平成21年度 国土交通白書」）

壊汚染といった不動産特有のリスクに社会的関心が高まったため、現在では「不動産所有自体が企業のリスク」といった見方が広まっている。企業価値向上の観点から、所有すること自体にリスクのある不動産を戦略的に見直し、投資・所有の効率性を最大限に向上させる「CRE（Corporate Real Estate）戦略」が企業にとって不可欠となっている。CRE戦略によって、コスト削減、キャッシュ・イン・フローの増加、リスクマネジメント、顧客サービスの向上などを達成することが企業の常識となっている。このような民間のCRE戦略の考え方は、これからの国や地方自治体の不動産利用に大きな示唆を与えるものである。ヒューリックのPPP事業もCRE戦略のノウハウに基づいた、PRE（Public Real Estate）戦略といえる。

官民パートナーシップ（PPP）事業のさまざまな手法

民間の不動産ノウハウや、資金力を活用して公共施設を整備・維持管理・運営していく官民パートナーシップ（PPP）事業には、次のようにさまざまな形態がある（fig.3／筆者による定義）。

①PFI方式
公共の所有する土地に、民間事業者が自ら資金調達し、ノウハウを活用し、公共施設などを建設・維持管理・運営する方式。公共は民間が負担した事業費をサービス購入費として事業期間全体で平準化して支払う。維持管理・運営中の施設の所有形態により、BTO方式とBOT方式に分類される。1999年のPFI法の施行による導入された。

	①PFI方式		②官民合築方式			③賃貸借方式
	BTO	BOT	売却（土地信託）方式		定期借地方式	
資金調達	民間	民間	民間		民間	民間
設計・建設	民間	民間	民間		民間	民間
運営	民間	民間	民間		民間	民間
施設の所有（事業期間中）	公共	民間	公共	民間	公共	民間
施設の所有（事業終了後）	公共	公共	公共	民間	解体後更地返還	解体後更地返還

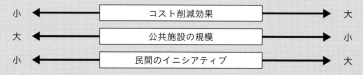

小 ← コスト削減効果 → 大
大 ← 公共施設の規模 → 小
小 ← 民間のイニシアティブ → 大

fig.3 PPP事業の形態

②官民合築方式

公共団体が所有する土地を公共部分と民間利用部分とに分割し、それぞれ公共施設、民間施設を民間事業者が資金調達し、ノウハウを活用し整備する。民間利用部分の土地については売却（土地信託）する場合と定期借地権を設定する場合（奈良県養徳学舎整備事業がこのケース）とに分類される。

③賃貸借方式

公共団体が所有する土地に定期借地権を設定し、民間事業者が資金調達を行い、ノウハウを活用し、公共施設などを建設・維持管理・運営する方式。建物については民間で所有し、公共が使用する部分は、民間から賃借する（旧福井中学校跡地利用、永田町北海道スクエアがこのケース）。

これからの公共施設のビルディングタイプ

では、これからの公共施設に求められる建築とはどのようなものであろうか。日本の場合、多くの建物はその物理的劣化ではなく社会的陳腐化によって寿命が決定されている。公共施設においても人口減少、少子高齢化といった社会的変化に建物が追随できないことによって利用率・稼働率が低下し、社会的に陳腐化している。われわれ民間不動産会社は不動産を建設・運用するなかで、如何にその不動産が永続的に魅力を持ちながら収益を上げられるかを常に考えている。このような民間の不動産に関する視点から公共建築のビルディングタイプについて以下の3点をポイントと考える。

①多機能・複合化とフレキシビリティ

今後、人口減少、少子高齢化といった社会構造の急速な変化に伴って、社会のニーズも急速に変化する。このようななかで公共建築には、多機能・複合化と空間のフレキシビリティが求められる。庁舎と図書館（庁舎→図書館）、学校と高齢者施設（学校→高齢者施設）、病院と住宅（病院→住宅）といったように、これからの公共施設にはコンプレックスとコンバージョンに対応できる柔軟なビルディングタイプが求められる。

②環境性能と更新性

社会構造の変化だけでなく、地球規模の気候変動が予想されるなか、公共建築には優れた環境性能が求められる。単なる省エネではなく、創エネ、ZEB（Zero Energy Building）といった概念で環境性能を確保することが必要である。また、いわゆるスケルトン（建物の躯体）・インフィル（内装・設備）の概念に基づいた建物の長寿命化と更新性の確保も重要である。

③安心・安全とBCP（Business Continuity Planning：事業継続計画）

災害時の緊急避難施設・対策本部といった機能が求められる公共建築には、より耐震性の確保や、防犯などに対する性能を確保するとともに、そのような災害時にも水、電源、通信、食料の確保など、機能維持することが求められる。

このようにこれからの公共施設を整備するうえで、PPPという事業手法は公共団体、民間事業者、利用する住民、すべてにとってメリットのある手段といえる。今後は、公共・議会の意識改革、税制措置による公共と民間の事業環境の公平化、民間提案制度・事業者選定制度の見直しなどの課題を官民一体となって解決していくことが必要であると考える。

EPILOGUE 1

もうひとつの京都建築スクール

朽木順綱（建築家、大阪工業大学 准教授）

　フランスの批評家フランソワーズ・ショエによれば、「都市計画（ユルバニスム）」という概念は「今日では古代から現代に至るまで無差別に都市計画のあらゆる形態を指示するものとして用いられているが、実際にこのことばが初めて定式化されたのは19世紀も後半のことであった」という。すなわち、それは近代固有の概念として、「西洋人とその都市の組織化の間に全く新しい関係が到来したことをしるしつけるべく登場した」のであり、「産業革命によって引き起こされた」ものだと定義づけられている。端的にいえば、都市が「部分的に意識化した統御や潜在した意識下の統御」によって、いわば身体の延長のようなものとしてみなされるのではなく、「ある種の客観性をもって物質や精神の所産の全体性を見よう」とする近代固有の態度のもとで、「調査の対象」として扱われることになった。都市は「部分的」にその都度了解されるものから、「全体」として一気に俯瞰されるものへと変化したのである★1（下線は筆者による）。あるいは建築史家・鈴木博之によれば、こうした産業革命以降の社会構造そのものが「都市的」なのであり、そもそも都市という集住組織が本質的に、近代という時代との親近性を有することを宿命づけられていたということが指摘されてもいる★2。

「京都建築スクール」と「都市計画」

　京都建築スクール（KAS）におけるわれわれの活動は、「建築」という名称を冠してはいるものの、その主題の大部分は「都市計画」であるといってよい。その意味で、上述のショエの定義は示唆深い。各参加校が対象敷地とした領域の広さという物理的な意味だけではなく、まさに「調査の対象」としてその敷地が選定され、その「全体」をひとつのパースペクティブのもとで計画しようとするその方法としても、KASの活動は、ショエのいう「都市計画」におおよそ符合するのである。とすれば、われわれがこれまで議論を交わし、共同で制作してきた「都市計画」の軌跡とははたして、ショエのいうような「産業革命によって引き起こされた」近代という時代の特質の内に回収されてしまうものなのか、それとも「古代から現代に至るまで無差別的に都市計画のあらゆる形態を指示するもの」として、時代性を超えた普遍的な集住のあり方を問う試みであるのか。あるいは、近代という枠組の中で課題設定されながらも、近代の限界を内側から超えてゆこうとするモーメントをはらんだ運動であるのか。という問いかけが生じることになる。

　このことを検証するために、「40年後の都市を構想する」というKASの課題設定を思い起こしたい。すると、従来の計画概念が無効化された未来を見据えながらも、あくまでもある個別の時代と領域に即した考察と提案とを行おうとするKASの視点とは、近代の外側でも内側でもない、厄介な宙吊り状態にあることが浮き彫りになるのである。つまりKASの特質とは、都市計画という近代固有の方法論に則りながらも、それ自体を完全には信頼しないという態度であり、ある種の迷いを含みながら思索し、制作するという歯切れの悪さであり、逡巡した軌跡がそのまま、さしあたりの結論として提示されるにすぎない、という未完成さということになるだろう。それでもなお（あるいはむしろ、それゆえに）この活動に何らかの意義を積極的に見いだし得るとすれば、それは、この作品集を構成している個々の作品という結果なのではなく、これらの作品の制作を引き起こした過程、すなわち課題の設定者（教員）と、それへの応答者（学生）との対話にこそあるというべきであ

ろう。

　KASが「スクール」という名称を冠しているのは、そうした対話に基づく教育活動として、予測不可能な未来への期待や、世代の乗り越えといったダイナミズムを担保しているからこそであり、巷間に横溢する一部の学生賞や学生コンペのように、既成の（見かけ上の）権威や成功者による、初学者の馴致システムとは全く別種の位置づけに由来するからだと考えたい。教育が、「異」を容認し、ある意味での「親（師）殺し」を正当に擁護できる場であるからこそ、教育という制度自体をも包含する近代という枠組みを乗り越えるための最後の望みとなるのであって、ただ「同」を承継、反復させるだけの機構であるなら、まさにショエも言及しているオスマンの「パリ改造計画」と同じく、交通計画の合理化という大義のもとで断行された細街路の徹底的な開削と、これによる反体制運動の一掃のように、近代の強権性への追従と、自ら進んで創造性を放棄するというへとつながりかねない。つまり、教育と都市計画とはともに「異」と「同」に関わる点で、近代を乗り越えられるかどうかの岐路に居合わせているのであり、そこにKASの意義が収斂しているともいえるだろう。

近代の「外側」からの都市計画

　では教育を通して、新しい「都市計画」は生みだされるだろうか。近代がもたらした都市の明快さや均質性は、同時に、近代を乗り越えるための土壌としての、仄暗さや異質性を駆逐しつつある。しかし、KASの参加者の多くがすくいあげようとした都市計画の可能性とは、こうした近代都市の綻びにこそ見いだされていたといえるだろう。ささやかな地域社会の萌芽や、新しい人間関係の兆し、スケールの細やかな生活空間など、俯瞰的・巨視的な視点からの押し付けが忌避され、その場所ごと、その時代ごとの特殊性が微視的に見直されている点で、近代という時代がもたらしかねない暴力性への反省をたしかに認めることができる。ただ、いったんこうした態度が手法として定着すると、それはいわば「小さな近代性」として、コミュニティやヒューマンスケールという概念がもたらす同質性や無謬性への安易な依存を生み出すことにもなる。賛同を得やすい計画案には、もしかするとその時点ですでに、近代という機制が仕込まれてしまっているのかもしれない。

前世紀とは別種の、しかし亜種ともいうべき姿に紛れることで、近代という逃れようのない「同」の生成機構は、ますます根深くわれわれを捕らえているようでもある。

　そうした観点からいえば、むしろ素朴であからさまな前世紀の近代性のほうが、じつはその無謀さを正直に露呈している点で、未来を描くということ自体の異質性を引き受けているようにすら思える。たとえば、ガルニエの「工業都市」や、サンテリアの「新都市」などが示すドローイングは、当時の都市の状況からすれば、異様な光景以外の何物でもない。また、ル・コルビュジエの「300万人の現代都市」にしても、その透視図が、高層住棟の屋根高さ、すなわち航空機から見下ろすような高さから描かれることで、その視点が都市の「外側」にあることを暗示している。あるいはタウトの「アルプス建築」は、ユートピア（＝無場所）的都市計画と位置づけられるように、もはや場所性すら失われ、果ては「宇宙」や「死」「無」に通じるのだと謳い上げられるほどの破格ぶりである。これらすべてに共通するのは、都市計画家と呼ばれる実務家（プランナー）によってではなく、建築家、あるいはユルバニストによって構想されたものだということだ。ここに挙げた建築家＝ユルバニストたちはみな、都市の現在ではなく、未来へと差し向けられた視界のもとで断片的に捉えられた都市の形態を、何とかひとつのパースペクティブとしてつなぎあわせ、われわれに伝えてくれているのではないだろうか。ここでいう未来とは、いかなる具体的な年代設定がなされていようとも、それを追い越してしまう未来性を帯びた、不連続で異質な時間性のことであり、決して近代が強制する「同」に回収されるような時間ではない。たとえば「2001年宇宙の旅」という映画があるが、ここでの「2001年」として読み取られるべきなのは、実際の西暦と地続きになった、公開年たる1968年の33年後、などという計量的な数値ではなく、ミレニアムという遙かなる時間的スケールを超えたその後、という、断絶のさらなる先への視線なのであり、その意味では3001年でも10001年でも構わないのである。それは、社会学者の大澤真幸が指摘する、ピエール・バイヤールの「予感による剽窃」という概念がいみじくも端的に言い当てている事柄かもしれない[★3]。つまり、2015年という現在においても依然としてこの映画で見いだされた2001年を追い越せていないことは、滑稽なことでも不思議なことでもなく、われわれの2015年が、いまだ映画のなかで「剽窃」された「近代の外側」ではない、

というだけに過ぎないのである。

　こうした解釈が、揚げ足取りのようだと批判するかどうかをひとまず措けば、KASで設定された「40年後」を、上述したような異質性への展望として理解することもできるのではないだろうか。とすると、冒頭にも触れた、近代固有のものとしての「都市計画」という営為において、ガルニエやサンテリアやル・コルビュジエやタウトが、なにゆえあのような極端な無謀さをわざわざ披瀝しなければならなかったのか、という問いへの手がかりも見えてくるのではないか。あるいはショエが峻別した、ユルバニスムとプランニングとの差異が見いだせるのではないか。そこにはいく人かの建築家たちが格闘した、近代という時代の特質があるように思える。彼らは自らの計画案が袋叩きにあうことを重々承知の上で、それでもなお、あえて挑まねばならない課題、すなわち住み慣れた現実とは相容れない異質なものへの眼差しを開きとどめておくことを、自らの使命として引き受けていたのではないだろうか。用いられた造形手法がいわゆる表現主義であるか機能主義であるかはそれほど大きな問題ではない。むしろ、どのような形態であれ、どれほど現実離れしているか、その射程距離こそが、近代という夢の内側にいながらにして近代を外側から眺めるという、醒めた視点を準備してくれるのである。それは提案内容の具体性や精度が評価されるべきプランニングという論理的構築ではなく、ユルバニスム、すなわち「イズム」としての信条、態度を下支えする直観力であるといえるだろう。

40年後へと開かれた問いとして

KASには、教員たちの激しい批判にさらされるような荒唐無稽な提案が、ごく少数ではあったが毎年なされていた。それらが全てそうであったかどうかは心許ないが、もしかすると近代を超える未来が剽窃されたような提案も含まれていたのではないだろうか。それらはおおむね、近代の代名詞としての論理性や完結性ではなく、的外れな迷走の果ての、ある種の妄想のような破綻をきたした、力任せの形態を伴う危険性ゆえに、評価の対象から排除され、不発弾のように穏便に処理されることになる。しかしそれらは去勢されながらも、われわれの記憶に確実にとどまり、憑依力を失うことなく違和感をこってりと刻みつけることもまた事実なのである。そうした提案こそ、もしかするとKASという教育という場において、そして都市計画というその活動の主題に対して、近代たる機制を軽々と飛び越えてゆくような、異質性をたたえた未来を予示してくれているのかもしれない。行儀の良い提案、得票数を見越した選挙演説のように芝居じみた提案に、訳知り顔で頷くだけでなく、われわれ教員は、自らの理解を超えた異形の提案に、われわれの世代が完膚なきまでに裏切られるかもしれないという覚悟もまた、心得ておかねばならないように思う。教育の成果とは、KASの1シーズンが継続した3年間程度でやすやすと現れるものではない。それこそ40年後にこの作品集を手に取った誰かが、そこに描かれた裏切りの予言の実現を確かめるかもしれないのだが、そもそもその頃には、裏切られるはずの当の教員の大半が、すでに異界へと旅立ってしまっていることだろう。ことほどさように、KASとは未来に（宙ぶらりんに）開かれた活動なのであり、その覚束なさや未完結さをこそ、私はいま、最大限に肯定したいと思っている。

★1——フランソワーズ・ショエ著、彦坂裕訳『近代都市——19世紀のプランニング』（井上書院、1983、p.7-9）
★2——『新建築学体系5 近代・現代建築史』（彰国社、1993、p.52）
★3——大澤真幸「言語哲学の地平から〈未来の他者〉を見る」（『WB: WASEDA bungaku FreePaper』、vol.026、2012、p.11）

EPILOGUE 2

都市デザインを教育すること

田路貴浩（建築家、京都大学准教授）

建築は自立的には存在しえない。周囲の環境と応答することが求められる。とりわけ都市のなかではまったくの他者と隣り合わせになることを強いられる。そこで態度が二分する。隣を無視して唯我独尊に振る舞うか、なんらかの関係を取り結ぶか。

近代は作品としての「純粋さ」を是としてきた。夾雑物が排除された真っ白な壁の美術館に飾られる「作品」。無関係な他者はノイズであり、邪魔者とされる。純粋な作品としての建築という考えは、大学の設計教育にいまだ根強く残っている。しかし、都市デザインは、「作品」としての建築デザインとは根本的に異なっている。他者が互いに集合する姿をデザインすることが都市デザインであって、そこには作品の「純粋さ」を汚すさまざまな要因が混入してくる。そうした混成によって形成される全体を構想することが都市デザインといえるだろう。

都市風景

都市デザインの究極目標は都市風景を描くことかもしれない。今年度の龍谷大学・京都建築専門学校チーム、それから多々批判があるにせよ大阪工業大学チームの作品には都市風景が描かれていた。風景の背後には、都市をつくるさまざまな仕掛けや仕組みがあって、現実的にはそこにエネルギーの大半が注がれる。しかし人の心を動かす風景は不可欠だ。

先の2チームは都市風景を表すのに鳥瞰図を採用している。この点はすこし考えてみる価値がある。鳥の目の風景は地上の人間が普段目にする風景ではない。しかし彼らの鳥瞰図には強い説得力がある。ほかのチームの表現と比べてみるならその有効性がはっきりとするだろう。2013年の京都大学チームはエリアマップ調で地域の全体像を示そうとしたが直感的な訴求力に欠けている。同年の京都工芸繊維大学・米田研究室チームは鳥瞰図を描いているが、ダイアグラム的になっていて都市生活が見えない。都市の姿だけでなく、そこに生活や活動が予感されなければ風景にはならないし、説明的なダイアグラムでは広く市民に訴えかけることはできないだろう。

都市風景は目的か、結果か？

都市デザインの最終目標として決定的な都市風景を描きたいという欲求がいき過ぎると、都市風景が目的化してしまうおそれがある。大阪工業大学チームのパースは津波に襲われたときの都市風景というセンセーショナルな状況を描いて、危機を直視させる点でこの絵には大きな意義があろう。しかし、いったい誰がそれをつくるのかという現実的な課題を一足飛びに乗り越えて一気にゴールを先取りしてしまったため、提案は革命的になってしまった感がある。巨大で浮遊する都市という20世紀の建築家たちの空想が挫折したことが思い出されよう。

20世紀の建築家たちを建築革命にと突き動かした動因は、「建築自由」という自由主義のイデオロギーであった。都市（全体）に対して建築（個）が自由を主張し、あげくの果ては、強い建築が都市全体を支配しようとする。その典型として誰もがすぐに思い浮かべるのは丹下健三の「東京計画1960」だろう。ここでは建築が巨大化し都市となっている。しかし結局のところ、自由主義は強者が弱者を排除する世界に至る。

「建築自由」の欲望が革命的な都市風景へと突き進んだ反省から、個々の改良の集積によって都市を変えていこうという姿勢が今では一般的になっている。都市風景はもはや目指される目的ではなく、改良の結果にすぎない。描

かれる風景には建築革命のような衝撃はなく、「ありそうでない」都市風景が描かれることになる。龍谷大学＋京都建築専門学校チームのパースがそのことを示している。

　注意しなければならないのは、改良主義は建築革命とは反対にその眼差しがアリの目になりがちになるということである。家と家の隙間、路地裏、家の前の植木鉢が主要なテーマとなってしまうこともある。建築革命がもはや空想的に過ぎるとしても、都市に建築が介入できる余地はもっとあるのではないだろうか。路地裏しか残されていないわけではあるまい。のちに再度述べるが、建築の介入が必要とされる場所を発見しなければならない。

都市デザインの理念

ここで都市デザインの「理念」について考えてみることにしよう。そもそもわれわれ日本人はこの「理念」というものが苦手である。理念を創ることができない。理念を語ることに気恥ずかしさを感じてしまう。意志をもって何かに進むのではなく、なんとなくできあがる「自然」を好む性向が強い。したがって、都市も人工物というより自然物とみる傾向がある。とはいえ、都市は人工物の集積であることに違いはないのであって、人工物の集積のさせ方には意図、意志があってしかるべきである。それが都市デザインの理念である。都市と建築はときに対立的な関係にある。優先されるべきは都市という全体の調和なのか、建築という個の自由なのか。全体と個、調和と自由を両立させるには明確な理念が必要となるだろう。

　京都建築スクールでも都市デザインの理念は重要な論点であったはずである。しかし、やはりこれを議論するのは難しかった。いくつかのチームが理念を掲げていたが、目につくところでは、2013年に大阪産業大学が「小型店を再興させる」、龍谷大学＋京都建築専門学校が「小商いが溢れ賑わう」と、どちらも「小商い」を理念としていた。また関西学院大学は、2013年には「子育て支援都市」、2014年には「緑と人が絡み合う重層都市」を提案し、少子化や低炭素社会といった今日的課題から理念を掲げている。このように都市デザインの理念というのは目指すべき都市社会像ということになろう。ところが、われわれが理念に嘘くささを感じるのはまさにここである。目指す「べき」とはどういうことなのか。いったい何の権利

2015年 龍谷大学＋京都建築専門学校チーム メインパース

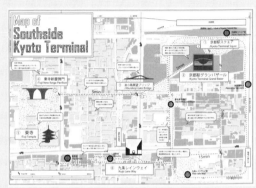

2013年 京都大学チーム メインヴィジュアル

2015年 大阪工業大学チーム メインパース

2013年 京都工芸繊維大学 米田研究室チーム メインパース

2013年 大阪産業大学チーム

2013年 関西学院大学チーム

2014年 関西学院大学チーム

2013年 龍谷大学＋京都建築専門学校チーム

があって「目指すべき」などといえるのか。そこで当たり障りのない言葉が理念として選択されてしまう。「ふれあい」「にぎわい」「やすらぎ」「交流」……。

近代社会は進歩、自由、平等を理念としてきた。それに平行して近代都市計画も開放、健康などを理念とし、ル・コルビュジエは「光・緑・空間」を掲げた。ところが冷戦後、社会的理念がぼやけている。自由／平等、革新／保守という単純な二項対立的理念がもはや機能しない。進歩主義に対してかつて「成長の限界」が唱えられ、もはや無限の経済成長を望むべきでないのは明らかだが、「成長」に替わる理念がいまだ見いだされていない。

個人的には、「大地性」が21世紀の理念となりえるかもしれないと考えている。近代建築は、ル・コルビュジエのピロティに象徴されるように、建築を大地から開放し、上へ上へと成長しようとしてきた。しかし、人間が地球という大地の上で存在していることが、気候変動などの自然現象から否が応でも再認識させられている。人間の大地性というものを、社会の理念としても、都市デザインの理念としても、あらためて考え直してみる必要があるのではないか。

何のためのリサーチ？

「やすらぎ」「にぎわい」「交流」、これら微熱的な言葉は現状を無批判に受け入れる現状追認主義につながりかねない。とりわけ、隙間、縁側、路地など身の丈サイズの既成概念での都市観察に行き着きがちである。計画者としては、都市の日常生活を日常的な眼差しから逃れた冷めた眼差しで観察することも必要だろう。これに挑戦したのが近畿大学チームで、彼らは都市を観察する独自の視点を3年間模索し続けた。都市の現状を肯定するのでもなく、否定するのでもなく、客観的にそのあるがままを捉えようとした。その姿勢は高く評価されるべきであろう。

とはいえ、現状に対する何らかの疑問や問題意識がなければ新たな都市デザインの動機は発生しない。日常生活のなかで当たり前とされているものに対する批判がなければ、都市デザインの必要性が生じない。人間はどんな悲惨な環境にも慣れるものだといわれる。当たり前がけっして当たり前ではないことを暴露するには、当たり前の行きつく先を「地獄絵」として描くという方法がある。大阪工業大学チームの津波に襲われる図は、「地獄絵」と計画の同

時表現としてひとつの表現手法となるのかもしれない。

都市に介入する

もはやル・コルビュジエの「パリ・ヴォワザン計画」のように既存の都市を更地にしてそこに建築革命を描く時代でないとすれば、都市に建築を介入させる場所を巧妙に発見しなければならない。繰り返していうが、だからといってかならずしもゲリラ的に路地裏に入り込む必要もない。都市にはいくらでも介入可能な余白がある。2013年の近畿大学チームは独自の視点で介入ポイントを探そうとした。たとえば、彼らが発見したのはT字路である。信憑性は怪しいが独特のデータ分析でT字路のポテンシャルを発見している。こういう試みも繰り返すうちに、いつかは大当たりするのかもしれない。

　都市に介入するには理念が必要であることは先に述べたが、理念を形に転換する作業が都市デザインの肝である。介入の方法としてはルール型とプロジェクト型があげられる。たとえばセットバックなどのルールを設定することで一定の都市の形を創出する方法と、建築を一気に投入することで都市の形を変える方法である。前者は一般解で、後者は特殊解ともいえる。

　いずれの方法を取るにせよ、問題は介入の目標である。都市構造の再編はそのひとつである。都市は人為的な産物であると述べたが、自然物に似てエントロピーが増大する傾向にあり、都市のまとまりは散逸する傾向にある。したがって、秩序を保持するにはたえず何かを仕掛けなければならない。2014年の大阪工業大学チームの「都市の背骨」、大阪産業大学チームの「緩衝領域」は都市構造の再編を狙ったもので、前者は大胆な軸を投入するプロジェクト型、後者は換地というルールによって工場と住宅地のあいだに緑地という緩衝体を創出するルール型である。そのような都市構造の再編は20世紀的発想では当然ながら完成されなければならない。たとえば、切れ切れの高速道路は全線開通を目指した過程として否定的に考えられてきたが、アンダー・コンストラクションは「未完成」ではなく、ある理念に向かった「漸進」であって、都市はつねに過程のなかにある。完成が目的ではなく、少しずつ進むこと自体を楽しむこと。それが21世紀的な価値観だし、都市デザインはそうした漸進する都市風景を描くべきなのだろう。

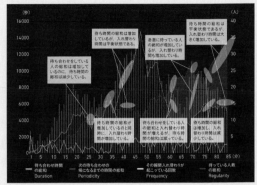
2015年 近畿大学チーム

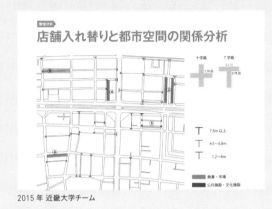
2015年 近畿大学チーム

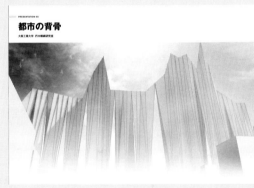
2014年 大阪工業大学チーム

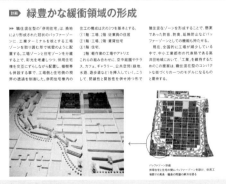
2014年 大阪産業大学チーム

参加チーム

龍谷大学 阿部大輔ゼミ
＋京都建築専門学校 魚谷繁礼ゼミ
指導教員　阿部大輔（龍谷大学）
　　　　　　魚谷繁礼（京都建築専門学校）
　　　　　　池井 健（京都建築専門学校）
［メンバー］
修士1年　吉田智美
学部4年　辻田祐基
学部3年　青木菜茄、魚見航大、川辺成美、
　　　　　　高橋優衣奈、立花桃子、田辺竜基、
　　　　　　鳥越大祐、中村花菜、中村拓弥、
　　　　　　中村亮介、早志颯亮、疋田真唯、
　　　　　　福本 賢、槇山 徹、柳井真衣子
　　　　　　（以上、龍谷大学）
専門2年　垣見勇樹、土器屋葉子、宮本浩司
　　　　　　（以上、京都建築専門学校）

大阪工業大学 朽木順綱研究室
指導教員　朽木順綱
［メンバー］
学部4年　洲脇純平、井垣義稀、富永里穂、
　　　　　　武森祐次、田中悠介、村上峻一

大阪産業大学 松本裕研究室
指導教員　松本 裕
非常勤助手　佐藤 浩
［メンバー］
修士2年　前田みくに
学部4年　中村涼太、清水雄太、末包 萌、中原俊基、
　　　　　　中野巧也、木色雄紀、谷 明歩、上村実希

京都工芸繊維大学 阪田弘一研究室
指導教員　阪田弘一
［メンバー］
修士1年　上山晃仁、清水千恵、田中 心、細田早恵、
　　　　　　三河内春花、山田喬之

関西学院大学 八木康夫研究室
指導教員　八木康夫
［メンバー］
修士1年　辻本和也
学部4年　坂井 章
学部3年　梨木美里、山田 結、藤原匡志、能海尚也、
　　　　　　山口美彩子、榊 和紗

近畿大学 松岡聡研究室
指導教員　松岡 聡
［メンバー］
修士2年　喜田昌子、西野真伍、福留裕香、
　　　　　　亀田翔太
修士1年　小濱文悟、樽本光弘、東野多容、辻 陽平、
　　　　　　藤野真由
学部4年　前芝優也、田麿圭吾、湯之上 純、
　　　　　　向井一貴、藤田 拓、中野智香子、
　　　　　　佐藤由基、松本悠作、大岡小夏、
　　　　　　児玉成弘、月岡 平

京都大学 田路貴浩スタジオ
指導教員　田路貴浩
［メンバー：京都駅南チーム］
修士2年　高野香織、諏訪淑也
修士1年　尾崎邦明、中村景月、山口直人、
　　　　　　西川平祐、佐藤克志、早川小百合
研究生　　陳 方健
［メンバー：六原チーム］
修士2年　加登 遼
修士1年　天艸 開、竹内和巳、林 和茂、Baek Jina、
　　　　　　清山陽平、黒柳歩夢
研究生　　Georgia Koutsogeorga

ヒューリック（ゲスト参加）
浦谷健史、森 淳

著者略歴

[京都建築スクール実行委員会]

阿部大輔（あべ・だいすけ）　龍谷大学准教授、博士（工学）。1975年米国ハワイ州生まれ。早稲田大学卒業、東京大学大学院博士課程修了。2003-06年カタルーニャ工科大学バルセロナ建築高等研究院留学。東京大学特任助教を経て、現職。

池井 健（いけい・たけし）　京都建築専門学校非常勤講師。1978年愛知県生まれ。2004年京都大学大学院修士課程修了。VIDZ建築設計事務所を経て、2011年池井健建築設計事務所設立。

魚谷繁礼（うおや・しげのり）　京都建築専門学校非常勤講師。1977年生まれ、兵庫県出身。2003年京都大学大学院修士課程修了。現在、魚谷繁礼建築研究所代表。

朽木順綱（くつき・よしつな）　大阪工業大学准教授、博士（工学）。1975年京都府生まれ。2000年京都大学大学院修士課程修了。昭和設計勤務、京都大学助手、同校助教を経て、現職。

阪田弘一（さかた・こういち）　京都工芸繊維大学准教授、博士（工学）。1966年兵庫県生まれ。1992年大阪大学大学院修士課程修了。大阪大学助手、京都工芸繊維大学助教授を経て、現職。

田路貴浩（たじ・たかひろ）　京都大学准教授、博士（工学）。1962年熊本市生まれ。1987-88年国立パリ建築学校ラ・ヴィレット校留学、1995年京都大学大学院博士課程修了。明治大学講師、同校助教授を経て、現職。LINK DESIGN主宰。博士（工学）。

松岡 聡（まつおか・さとし）　近畿大学准教授。1973年愛知県生まれ。1997年京都大学卒業、2000年東京大学大学院修士課程修了、2001年コロンビア大学大学院修士課程修了。UN Studio、MVRDV、SANAAを経て、2005年松岡聡田村裕希を共同設立。

松本 裕（まつもと・ゆたか）　大阪産業大学准教授。1966年大阪市生まれ。1991-92年国立パリ建築学校ラ・ヴィレット校留学、2000年京都大学大学院博士課程単位取得退学、2002年国立パリ建築学校ベルビル校DEA学位取得。1994年より大阪産業大学助手を務め、同校専任講師を経て、現職。

八木康夫（やぎ・やすお）　関西学院大学教授、博士（工学）。1960年京都市生まれ。大阪大学大学院博士課程単位取得修了。立命館大学准教授を経て、現職。TIKAZO DESIGN主宰。

[講評・寄稿]

浦谷健史（うらたに・たけし）　ヒューリック株式会社常務執行役員。1962年京都市生まれ。1985年京都大学卒業、1985-2009年松田平田設計、2009年ヒューリック株式会社開発推進部長。2014年より現職。

大野秀敏（おおの・ひでとし）　建築家・都市計画家、博士（工学）、アプルデザインワークショップ代表、東京大学名誉教授。1949年岐阜県生まれ。1975年東京大学大学院修士課程修了。1976-83年槇総合計画事務所勤務、以降は東京大学で建築設計の教育と都市構想の研究に従事。2015年退職し現職。現在は設計活動と著述活動に専念。主な著書に『マルチ・モビリティ・シティをめざして』（NTT出版、2015）など。主な建築作品に「フロイデ彦島」、「はあと保育園」など。

嘉名光市（かな・こういち）　大阪市立大学准教授（都市計画、都市デザイン専攻）、博士（工学）。1968年大阪府生まれ。1992年東京工業大学社会工学科卒業。三和総合研究所研究員を経て、1996年同大学大学院博士課程入学、2001年修了。UFJ総合研究所主任研究員、大阪市立大学大学院講師を経て、現職。大阪府・市特別参与。水都大阪のまちづくり、生きた建築ミュージアム事業など、大阪の都市デザインを実践。主な著書に『生きた建築 大阪』（140B、2015）、『都市を変える水辺アクション 実践ガイド』学芸出版社、2015）など。

文山達昭（ふみやま・たつあき）　京都市都市計画局。1967年生まれ。京都大学大学院修士課程修了。建築設計事務所、GK京都を経て、現職。

村橋正武（むらはし・まさたけ）　立命館大学 総合科学技術研究機構 上席研究員、博士（工学）。1942年生まれ。1968年京都大学修士課程（土木工学専攻）修了後、建設省入省。1991年東京都都市計画局総合計画部長、1994年より立命館大学教授。2013年に退任し現職。大丸有地区、汐留、品川、横浜MM21、大阪北ヤード、御堂筋再生などのプロジェクトに携わる。主な著書に『新時代の都市政策：第1巻 都市政策／第3巻 都市整備』（ぎょうせい、1984）、『都心：改創の構図』（鹿島出版会、1995）など。

山崎政人（やまざき・まさと）　関西ビジネスインフォメーション株式会社研究員、博士（工学）。1962年大阪府生まれ。京都大学工学部建築学科卒業。大阪大学大学院工学研究科環境工学専攻博士後期課程修了。住信基礎研究所（現三井住友トラスト基礎研究所）などを経て、現職。

CONCLUSION
おわりに

本書は、複数の大学・学校が参加する独自の教育プログラムという位置付けで行われた、インターカレッジの都市デザインスタジオの成果であり、学校の枠を超えて交わされた議論の積み上げがまとめられたユニークな学生作品集です。私たちはこのプログラムを1フェーズ3年間として設定し、2009年からはじめ、今年度で第2フェーズが終了します。今年度は40年後の公共の場の再編をテーマに、各スタジオが試行錯誤を繰り返し、さまざまな切り口で提案を行いました。

さて、京都建築スクール2015「リビングシティを構想せよ：公共の場の再編」をお目通しいただき、いかがだったでしょうか？ 賛否両論さまざまなご意見があることでしょう。それぞれの立ち位置によってその見方も千差万別です。しかし、お気付きのことと思いますが、これは学生たちの目線でみた40年後であり、この目線には社会の緻密な官僚制的統治的社会に染まっていない、おおらかさであり若さのカタルシス所以であります。しかし、都市デザインを行うには都市を構成するあらゆるエレメントがあり、それを単なる箱もの（建築デザイン）のかっこよさで提案する傾向には少し嫌気すら覚えるのは私だけでしょうか？

最近、私はアントレプレナーの人たちと接する機会が多いのですが、そのなかで感じることがあります。彼らの言葉はとてもわかりやすく、その内容はとても深く説得力があるのです。

今後、我が国の建築の専門家として責任を負う立場になるであろう学生の皆さんに、その期待される立場をしっかり認識したうえで、もっと平易な言葉（表現）でわかりやすい提案をする、真摯な態度で建築に向かっていただきたいと切に願っています。

人の姿が見えないような場をいくら提案しても、社会のなかではまったく意味をもたないものです。「この場なら住んでみたい」「この空間ならずーっと居たい」といえる空間を考えていただきたいものです。

最後に、本書の編集にあたり大変ご尽力を賜りました、フリックスタジオの高木伸哉氏と山道雄太氏、建築資料研究社の種橋恒夫氏にはこのうえなくお世話になりました。謹んで感謝申し上げます。

さらに、出版される今日まで、我慢強く後押しいただきました、建築資料研究社／日建学院取締役の馬場圭一氏には、幾重にも感謝申し上げる次第です。

八木康夫

建築資料研究社／日建学院の出版物

※表示価格は2015年12月現在の税別定価です。

集落探訪
（建築ライブラリー・9）藤井 明 2900円＋税

40数ヶ国・500余の集落調査を集大成。驚くべき多様性と独自性の世界がここにある。

2100年庭園曼荼羅都市
── 都市と建築の再生
渡辺豊和 2400円＋税

100年後の大阪・京都・神戸・奈良を「曼荼羅都市」として構想する、特異な現代都市批判の論考。

近代建築を記憶する
（建築ライブラリー・16）松隈 洋 2800円＋税

前川國男を中心に、近代建築の核心部分を抽出する。現代建築が立ち戻るべき原点とは。

フランク・ロイド・ライトの帝国ホテル
明石信道＋村井 修 3200円＋税

旧・帝国ホテルの「解体新書」。写真と実測図から、あの名建築が確かな姿で甦る。

ル・コルビュジエ 図面集
LE CORBUSIER PLANS impressions（全8巻）
エシェル・アン／ル・コルビュジエ財団 各2800円＋税

ル・コルビュジエ財団所蔵の約35,000点の資料から800点ちかい図面を厳選し、テーマ・プロジェクト別に構成。コルビュジエの創造の軌跡をたどる。vol.1住宅I、vol.2住宅II、vol.3集合住宅、vol.4ユニテ・ダビタシオン、vol.5インテリア、vol.6展示空間、vol.7祈りの空間、vol.8都市

都市的なるものへ
── 大谷幸夫作品集
大谷幸夫 7000円＋税

麹町計画（1960）から始まる独自の軌跡を、自身の晩年に総括しまとめ上げた、唯一の作品集。

UNDER CONSTRUCTION
畠山直哉＋伊東豊雄 2800円＋税

「せんだいメディアテーク」誕生までの1000日間の記録。ヴェネツィア・ビエンナーレ金獅子賞コンビによる異色の写真集。

長寿命建築へ
── リファイニングのポイント
青木 茂 2400円＋税

建築だって、健康で長生きがいい。青木茂の〈診断〉と〈施術〉によって、建築に新たな生命が宿る。

日本の都市環境デザイン
（造景双書・全3巻）都市環境デザイン会議 各巻2500円＋税

全国の地域・都市を網羅。都市を読み解くための、包括的ガイドブック。1北海道・東北・関東編 2北陸・中部・関西編 3中国・四国・九州・沖縄編

「場所」の復権
── 都市と建築への視座
（造景双書）平良敬一 2800円＋税

安藤忠雄、磯崎新、伊東豊雄、大谷幸夫、内藤廣、原広司、槇文彦ら15人の都市・建築論。

建築資料研究社／日建学院の事業

資格講座

1級／2級建築士、1級／2級建築施工管理技士、建築設備士、宅建等、建築・土木・不動産分野を中心に多数開講しています。〈現在全国約140の大学と提携し、初受験で1級建築士合格をめざす［アカデミック講座］を開講中！

1級建築士合格者占有率No.1 ［58.9％］
（1990～2014年、当学院合格者累計80,713人／合格者総累計137,093人）

法定講習等

1級／2級建築士定期講習、評価員講習会、監理技術者講習、宅建実務講習等のほか、各種機関・団体向けに様々な講習会を企画・運営中です。

出版

隔月刊誌『住宅建築』、『コンフォルト』、季刊誌『庭』、シリーズ『建築設計資料』（全110巻）、年刊本『建築基準法関係法令集』、『積算ポケット手帳』、そのほか建築実務家・学生向けの専門図書を中心に多数出版しています。

発行：建築資料研究社（出版部）　http://www.ksknet.co.jp/book/　〒171-0014 東京都豊島区池袋2-38-2-4F　Tel:03-3986-3239　Fax:03-3987-3256

復興まちづくりの時代
── 震災から誕生した次世代戦略
（造景双書）佐藤 滋＋真野洋介＋饗庭 伸 2400円＋税

「事前復興まちづくり」の方法と技術の全容。来るべき「復興」のためのプログラム。

住まいのまちなみを創る
── 工夫された住宅地・設計事例集
中井検裕＋財団法人住宅生産振興財団 6800円＋税

日本全国の工夫された住宅地を過去40年・177件収録した、まちなみ事例集の決定版。

都市へのテクスト／ディスクールの地図
── ポストグローバル化社会の都市と空間
後藤伸一 2500円＋税

多様なテクスト／ディスクールを手掛かりに、都市に向けた全体性への眼差しを獲得しようとする試み。

建築設計資料
（シリーズ全110巻）3800円＋税

現代日本のあらゆるビルディングタイプをカバーし、完全特集形式で豊富な実作例を紹介する代表的シリーズ。

住宅建築
（隔月刊誌）2333円＋税

創刊40年、文化としての住まいを考える雑誌。現在、大学研究室のプロジェクト活動を伝える連載を掲載中。

コンフォルト
（隔月刊誌）1714円＋税

建築・インテリアから庭・エクステリアまで、デザインと素材を軸に毎号大型特集を組む、ストック型雑誌。

トウキョウ建築コレクション Official Book
（年刊）トウキョウ建築コレクション実行委員会 2000円＋税

修士学生が企画・運営するイベントの記録集。設計・論文・プロジェクトを、広く社会に向けて発信する。

せんだいデザインリーグ 卒業設計
日本一決定戦 OFFICIAL BOOK（年刊）
仙台建築都市学生会議＋せんだいメディアテーク 1750円＋税

もはや知らぬものはない建築系学生の一大イベントを詳細に再現する公式記録集。

京都建築スクール2013
リビングシティを構想せよ［商業の場の再編］
京都建築スクール実行委員会 1500円＋税

2050年の都市を想像／創造するのは、君たち自身だ。過去を分析し、現在を批判し、未来を構想する。想像力と思考力を尽くし、都市デザインに真っ向から挑め！

京都建築スクール2014
リビングシティを構想せよ［居住の場の再編］
京都建築スクール実行委員会 1500円＋税

2050年の都市に、居住は如何に可能か。〈温暖化〉と〈人口減少・高齢化〉の時代、生き続けることができる都市のカタチとは？学生たちが、困難な課題に真っ向から挑む！

学会・業界に貢献するために
株式会社 建築資料研究社　日建学院

株式会社建築資料研究社　東京都豊島区池袋2-50-1

0120-243-229（日建学院コールセンター）
受付：AM10:00～PM5:00（土・日・祝日は除きます）

［図版クレジット］
表1：池井 健
表4：朽木順綱

作品中の図版は特に注記のない限り、全て作品制作者・執筆者作成。
その他の頁の写真は全てフリックスタジオ撮影。

京都建築スクール2015
リビングシティを構想せよ［公共の場の再編］

2015年12月25日　初版発行

編著者　　京都建築スクール実行委員会

発行人　　馬場栄一（建築資料研究社／日建学院）
発行所　　株式会社建築資料研究社
　　　　　〒171-0014　東京都豊島区池袋2-38-2-4F
　　　　　TEL: 03-3986-3239　FAX: 03-3987-3256
製作　　　種橋恒夫（建築資料研究社／日建学院）
編集　　　高木伸哉＋山道雄太（フリックスタジオ）
デザイン　吉田朋史＋村田佳祐（9P）
印刷・製本　大日本印刷株式会社

©京都建築スクール実行委員会
ISBN978-4-86358-373-3